# Adobe Premiere Pro CC
# 影视编辑设计与制作
# 案例技能实训教程

陈迎绮　主编

清华大学出版社

北　京

# 内 容 简 介

本书以实操案例为单元，以知识详解为线索，从Premiere Pro CC最基本的应用讲起，全面细致地对视频效果的剪辑、拼接等技巧进行了介绍。全书共9章，实操案例包括创建我的项目、制作倒计时视频、制作婚礼Vlog、制作信号故障效果、制作电影结尾滚动字幕、制作水下音效、将项目输出为静态序列图像、制作音乐播放器界面动画、制作水墨江南宣传片等。理论知识涉及Premiere Pro CC基础操作、视频剪辑操作、过渡特效、视频特效、字幕设计、音频剪辑、项目输出等，每章最后还安排了针对性的项目练习，以供读者练手。

全书结构合理，用语通俗，图文并茂，易教易学，既适合作为高职高专院校和应用型本科院校影视编辑、多媒体技术相关专业的教材，又适合作为影视后期制作爱好者和各类技术人员的参考用书。

**图书在版编目（CIP）数据**

Adobe Premiere Pro CC影视编辑设计与制作案例技能实训教程 / 陈迎绮主编. —北京：清华大学出版社，2021.11（2023.1重印）
ISBN 978-7-302-59305-8

Ⅰ. ①A… Ⅱ. ①陈… Ⅲ. ①视频编辑软件 Ⅳ. ①TP317.53

中国版本图书馆CIP数据核字（2021）第200876号

责任编辑：李玉茹
封面设计：李 坤
责任校对：周剑云
责任印制：朱雨萌
出版发行：清华大学出版社
　　　　　网　　　址：http://www.tup.com.cn, http://www.wqbook.com
　　　　　地　　　址：北京清华大学学研大厦A座　　　　邮　　编：100084
　　　　　社 总 机：010-83470000　　　　　　　　　　邮　　购：010-62786544
　　　　　投稿与读者服务：010-62776969, c-service@tup.tsinghua.edu.cn
　　　　　质 量 反 馈：010-62772015, zhiliang@tup.tsinghua.edu.cn
印 装 者：北京博海升彩色印刷有限公司
经　　销：全国新华书店
开　　本：170mm×240mm　　　　印　　张：16.75　　字　　数：321千字
版　　次：2022年1月第1版　　　　印　　次：2023年1月第2次印刷
定　　价：79.00元

产品编号：094872-01

# 前 言

　　Premiere Pro是Adobe公司推出的专业的视频编辑软件，提供了素材采集、调色、美化音频、字幕添加、输出、刻录等功能，可以帮助设计者将素材打造成为精美的影片和视频。为了满足新形势下的教育需求，我们组织了一批富有经验的设计师和高校教师，共同策划编写了本书，以让读者能够更好地掌握作品的设计技能，更好地提升动手能力，更好地与社会相关行业接轨。

## 本书内容

　　本书以实操案例为单元，以知识详解为线索，先后对各类型视频剪辑处理的操作方法、操作技巧、理论支撑、知识阐述等内容进行了介绍。全书分为9章，其主要内容如下：

| 章　节 | 作品名称 | 知识体系 |
|---|---|---|
| 第1章 | 创建我的项目 | 主要讲解了Premiere入门知识、素材的采集与导入、素材的编排与归类等知识 |
| 第2章 | 制作倒计时视频 | 主要讲解了监视器面板的分类、"时间轴"面板的应用、"项目"面板的应用等知识 |
| 第3章 | 制作婚礼Vlog | 主要讲解了视频过渡方式、视频过渡特效的设置和编辑、视频过渡特效类型等知识 |
| 第4章 | 制作信号故障效果 | 主要讲解了"效果控件"面板、关键帧的创建与编辑、内置视频效果的类型和应用效果、外挂特效等知识 |
| 第5章 | 制作电影结尾滚动字幕 | 主要讲解了字幕类型、旧版标题的创建与编辑、开放式字幕的创建与编辑、新版字幕的创建与编辑等知识 |
| 第6章 | 制作水下音效 | 主要讲解了音频的分类、"音轨混合器"面板和音频关键帧、音频的编辑、音频特效类型等知识 |
| 第7章 | 输出静态序列图像 | 主要讲解了项目输出前的准备、项目输出格式类型、项目输出设置等知识 |
| 第8章 | 制作音乐播放器界面动画 | 主要讲解了蒙版图形的应用、关键帧的创建与设置、视频特效的应用、音频的编辑、字幕添加、视频的导出等知识 |
| 第9章 | 制作水墨江南宣传片 | 主要讲解了关键帧的创建与设置、文字特效的制作、图层混合模式的应用、视频转场特效和视频效果的应用、音频素材的编辑、视频的导出等知识 |

## 阅读指导

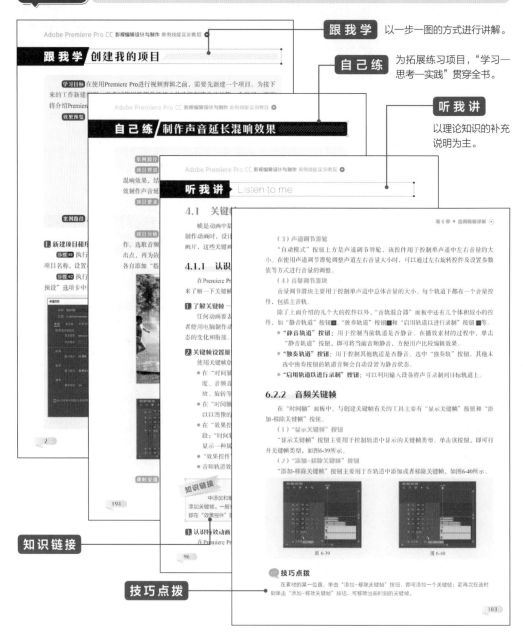

**跟 我 学** 以一步一图的方式进行讲解。

**自 己 练** 为拓展练习项目，"学习—思考—实践"贯穿全书。

**听 我 讲** 以理论知识的补充说明为主。

**知识链接**

**技巧点拨**

## 课时安排

　　本书结构合理、讲解细致、特色鲜明，内容着眼于专业性和实用性，符合读者的认知规律，也更侧重于综合职业能力与职业素养的培养，集"教、学、练"为一体。本书的参考学时为60课时，其中理论学习24学时，实训36学时。

## 配套资源

- 所有"跟我学"案例的素材及最终文件；
- 所有"自己练"案例的素材及最终文件；
- 案例操作视频，扫描书中二维码即可观看；
- 后期剪辑软件常用快捷键速查表；
- 全书各章PPT课件。

　　本书由厦门南洋职业学院的陈迎绮编写，编著者在长期的工作中积累了大量的经验，在写作的过程中始终坚持严谨细致的态度、力求精益求精。由于时间有限，书中疏漏之处在所难免，希望读者朋友批评指正。

编　者

扫描二维码获取配套资源

# 目录

第**1**章

# Premiere Pro 基础操作详解

▶▶▶ 跟我学

创建我的项目 ············································· 2

▶▶▶ 听我讲

1.1 Premiere Pro 入门知识 ························· 6
    1.1.1 Premiere Pro的工作界面 ············· 6
    1.1.2 视频剪辑的基本流程 ··················· 10
    1.1.3 剪辑前准备工作 ······················· 11
1.2 素材采集与导入 ································· 12
    1.2.1 视频采集的分类 ······················· 12
    1.2.2 导入素材 ····························· 13
1.3 素材编排与归类 ································· 14
    1.3.1 解释素材 ····························· 14
    1.3.2 重命名素材 ··························· 15
    1.3.3 建立素材箱 ··························· 16
    1.3.4 标记素材 ····························· 16
    1.3.5 查找素材 ····························· 18
    1.3.6 脱机编辑 ····························· 18
    1.3.7 链接媒体 ····························· 19

▶▶▶ 自己练

自定义工作界面 ······································· 20

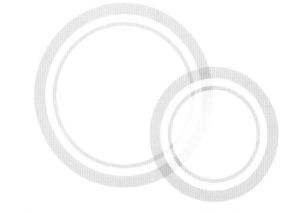

第**2**章

# 视频剪辑操作详解

▶▶▶ 跟我学

**制作倒计时视频**············································22

▶▶▶ 听我讲

2.1　监视器面板剪辑素材················································29

　2.1.1　监视器面板··················································29

　2.1.2　播放预览功能················································30

　2.1.3　入点和出点··················································31

　2.1.4　设置标记点··················································32

　2.1.5　插入和覆盖··················································33

　2.1.6　提升和提取··················································34

2.2　"时间轴"面板剪辑素材············································35

　2.2.1　选择工具和轨道选择工具······································35

　2.2.2　剃刀工具····················································36

　2.2.3　外滑工具····················································36

　2.2.4　内滑工具····················································38

　2.2.5　滚动编辑工具················································39

　2.2.6　比率拉伸工具················································40

　2.2.7　帧定格······················································41

　2.2.8　帧混合······················································41

　2.2.9　复制/粘贴素材···············································42

　2.2.10　删除素材···················································43

　2.2.11　场的设置···················································43

　2.2.12　分离/链接音视频············································44

2.3　"项目"面板创建素材·············································44

　2.3.1　彩条·························································45

　2.3.2　黑场视频·····················································45

　2.3.3　颜色遮罩·····················································45

　2.3.4　调整图层·····················································46

　2.3.5　通用倒计时片头···············································47

▶▶▶ 自己练

**制作慢镜头效果** ················································· 48

第 **3** 章

# 过渡特效详解

▶▶▶ 跟我学

**制作婚礼Vlog** ··················································· 50

▶▶▶ 听我讲

3.1　认识过渡 ······················································ 58
  3.1.1　过渡的方式 ········································· 58
  3.1.2　过渡特效的设置 ····································· 58
  3.1.3　编辑过渡特效 ······································· 65
3.2　视频过渡特效 ·················································· 66
  3.2.1　3D运动 ············································· 66
  3.2.2　划像 ··············································· 68
  3.2.3　擦除 ··············································· 69
  3.2.4　溶解 ··············································· 76
  3.2.5　滑动 ··············································· 78
  3.2.6　缩放 ··············································· 79
  3.2.7　页面剥落 ··········································· 80
  3.2.8　过渡 ··············································· 81
3.3　视频过渡外挂插件 ·············································· 82

▶▶▶ 自己练

**制作汽车宣传视频** ················································ 84

第 **4** 章

# 视频特效详解

▶▶▶ 跟我学

**制作信号故障效果** ································ 86

▶▶▶ 听我讲

4.1 关键帧 ································ 96
 4.1.1 认识关键帧和特效动画 ········ 96
 4.1.2 "效果控件"面板 ············ 97
 4.1.3 创建关键帧 ················ 98
4.2 视频效果的应用 ···················· 101
 4.2.1 变换 ···················· 102
 4.2.2 图像控制 ················ 104
 4.2.3 实用程序 ················ 105
 4.2.4 扭曲 ···················· 105
 4.2.5 时间 ···················· 110
 4.2.6 杂色与颗粒 ·············· 111
 4.2.7 模糊与锐化 ·············· 113
 4.2.8 生成 ···················· 116
 4.2.9 视频 ···················· 124
 4.2.10 调整 ··················· 124
 4.2.11 透视 ··················· 126
 4.2.12 通道 ··················· 127
 4.2.13 键控 ··················· 129
 4.2.14 颜色校正 ··············· 132
 4.2.15 风格化 ················· 135
4.3 视频外挂特效 ···················· 138

▶▶▶ 自己练

**制作星光闪烁效果** ···················· 141

# 第5章

## 字幕设计详解

▶▶▶ 跟我学
制作电影结尾滚动字幕 ································ 144

▶▶▶ 听我讲
5.1  字幕类型 ···································· 152
5.2  旧版标题 ···································· 153
　　 5.2.1  字幕设计器 ···················· 153
　　 5.2.2  设计字幕 ······················ 160
5.3  开放式字幕 ································ 165
5.4  新版字幕 ·································· 167

▶▶▶ 自己练
制作文字消散效果 ···························· 169

# 第6章

## 音频剪辑详解

▶▶▶ 跟我学
制作水下音效 ································ 172

▶▶▶ 听我讲
6.1  音频的分类 ······························ 181
6.2  音频控制台 ······························ 182
　　 6.2.1  音轨混合器 ···················· 182
　　 6.2.2  音频关键帧 ···················· 183
6.3  编辑音频 ·································· 184
　　 6.3.1  设置音频单位格式 ············ 184

6.3.2 解除音频与视频的链接 ……………… 184
6.3.3 调整音频播放速度 ………………… 185
6.3.4 调整音频增益 …………………… 186
6.4 音频特效 ……………………………… 188
6.4.1 音频过渡 ………………………… 188
6.4.2 摇摆效果 ………………………… 190
6.4.3 音频效果 ………………………… 192

▶▶▶ 自己练

制作声音延长混响效果 ……………………… 194

# 第7章

# 项目输出详解

▶▶▶ 跟我学

输出静态序列图像 ……………………………… 196

▶▶▶ 听我讲

7.1 项目输出准备 ……………………………… 199
7.1.1 设置时间线 ……………………… 199
7.1.2 渲染预览 ………………………… 199
7.1.3 输出方式 ………………………… 200
7.2 项目输出格式 ……………………………… 200
7.2.1 可输出的视频格式 ……………… 200
7.2.2 输出音频格式 …………………… 201
7.2.3 输出单帧图像 …………………… 202
7.3 项目输出设置 ……………………………… 203
7.3.1 输出预览 ………………………… 203
7.3.2 导出设置 ………………………… 204
7.3.3 扩展参数 ………………………… 205
7.3.4 其他参数 ………………………… 207

▶▶▶ 自己练

输出AVI格式影片 ……………………………… 208

# 第**8**章

## 综合案例——制作音乐播放器界面动画

8.1  创意构思 ···················································· 210
8.2  制作背景效果 ············································ 210
8.3  制作唱片动画 ············································ 213
8.4  制作音乐进度动画 ····································· 220
8.5  添加字幕 ·················································· 224
8.6  编辑背景音乐 ············································ 226
8.7  预览并导出视频 ········································· 227

# 第**9**章

## 综合案例——制作水墨江南宣传片

9.1  创意构思 ···················································· 230
9.2  制作背景效果 ············································ 230
9.3  制作水墨文字效果 ····································· 234
9.4  制作宣传效果 ············································ 242
9.5  编辑背景音乐 ············································ 250
9.6  预览并导出视频 ········································· 252

参考文献 ························································· 253

Premiere Pro

第 **1** 章

# Premiere Pro
# 基础操作详解

## 本章概述

　　Adobe Premiere Pro是目前最流行的非线性编辑软件，也是全球用户量最多的非线性视频编辑软件，是数码视频编辑的强大工具。本章将对Premiere Pro的工作界面、功能特性等知识进行讲解。通过对本章的学习，用户可以全面认识和掌握Premiere Pro的工作界面及视频剪辑的基本流程。

## 要点难点

- Premiere Pro的入门知识 ★☆☆
- 素材的采集与导入 ★★☆
- 素材的编排与归类 ★★☆

# 跟我学 创建我的项目 //////////////////////////////////

**学习目标** 在使用Premiere Pro进行视频剪辑之前，需要先新建一个项目，为接下来的工作新建序列，并尝试使用最简单最核心的功能创建自己的第一个项目。下面将介绍Premiere Pro中新建项目、新建序列以及将项目文件保存为副本等操作。

**效果预览**

**案例路径** 云盘 \ 实例文件 \ 第1章 \ 跟我学 \ 创建我的项目

## 1. 新建项目和序列

**步骤 01** 执行"文件"|"新建"|"项目"命令，在弹出的"新建项目"对话框中输入项目名称，设置项目存储路径，其余参数保持默认设置，如图1-1所示。

**步骤 02** 执行"文件"|"新建"|"序列"命令，打开"新建序列"对话框，在"序列预设"选项卡中选择预设，如图1-2所示。

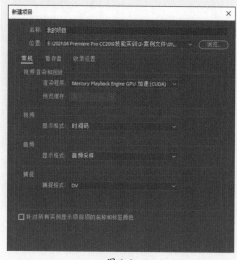

图 1-1

图 1-2

**步骤 03** 切换到"设置"选项卡,设置"编辑模式"为"自定义","时基"为25帧/秒,"帧大小"为1920×1080,"场"类型为"无场(逐行扫描)",如图1-3所示。

**步骤 04** 单击"确定"按钮关闭对话框,系统会在"项目"面板中创建"序列01",如图1-4所示。

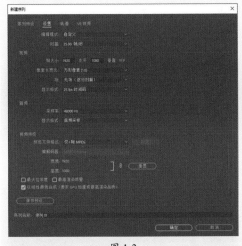

图 1-3

图 1-4

## 2. 导入并编辑素材

**步骤 01** 在"项目"面板的空白处单击鼠标右键,在弹出的快捷菜单中选择"导入"命令,如图1-5所示。

**步骤 02** 在弹出的"导入"对话框中选择需要的素材,如图1-6所示。

图 1-5

图 1-6

**步骤 03** 单击"打开"按钮,即可将素材导入到"项目"面板中,如图1-7所示。

**步骤 04** 将时间指示器移动至开始位置,在"项目"面板中选择视频素材,将其拖曳至"时间轴"面板的V1轨道,并调整顺序,如图1-8所示。

图 1-7                                        图 1-8

步骤 05 拖动音频素材至A1轨道，如图1-9所示。

步骤 06 保持时间指示器在开始位置，执行"标记"|"标记入点"命令，将该时间点设为入点，如图1-10所示。

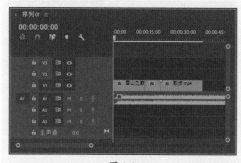

图 1-9                                        图 1-10

步骤 07 在播放指示器位置单击，输入"30."，如图1-11所示。

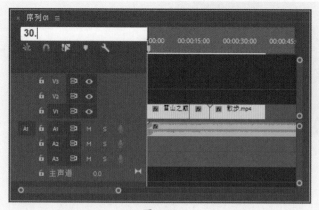

图 1-11

步骤 08 在空白处单击即可将时间指示器移动至00:00:30:00处，如图1-12所示。

步骤 09 执行"标记"|"标记出点"命令，设置该时间点为出点，如图1-13所示。

图 1-12

图 1-13

**步骤 10** 按回车键确认，将时间指示器移动至00:00:30:00处，如图1-14所示。

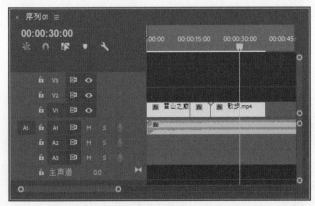
图 1-14

**步骤 11** 按回车键即可预览出入点之间的动画效果。

**步骤 12** 项目制作完毕后，执行"文件"|"保存"命令，即可对最后一次操作编辑进行存储。

**听我讲** Listen to me

# 1.1 Premiere Pro 入门知识 /////////////////////////////////////

Premiere Pro是由Adobe公司推出的一款非线性视频编辑软件，功能非常强大，有较好的兼容性，可以与Adobe公司推出的其他软件相互协作，制作出的效果美不胜收，被广泛应用于广告制作、电影剪辑等领域。

## 1.1.1 Premiere Pro的工作界面

Premiere Pro的整个用户界面由多个活动面板组成，数码视频的后期处理就是在各个面板中进行的。下面将对Premiere Pro的各个操作面板、功能面板及菜单栏进行详细的讲解。

**1. 菜单栏**

菜单栏分为文件、编辑、剪辑、序列、标记、图形、窗口和帮助共8组菜单选项，每个菜单选项代表一类命令。

- **文件：** 该菜单下的命令主要用于创建、打开和保存项目，采集、导入外部视频素材，输出影视作品。
- **编辑：** 该菜单下的命令主要用于对素材进行编辑。
- **剪辑：** 该菜单下的命令主要用于对素材进行重命名、编辑、捕捉设置、速度调整等操作。
- **序列：** 该菜单下的命令主要用于控制"时间轴"面板。
- **标记：** 该菜单下的命令主要用于设置素材和时间指示器上的标记。
- **图形：** 该菜单下的命令主要用于创建各种图形。
- **窗口：** 该菜单下的命令主要用于对各面板进行管理。
- **帮助：** 该菜单提供了Premiere Pro的帮助信息。

**2. "项目"面板**

"项目"面板用于对素材进行导入、存放和管理，如图1-15所示。该面板可以用多种方式显示素材，包括素材的缩略图、名称、类型、颜色标签、出入点等信息；也可分类素材、重命名素材、新建一些类型的素材。

**3. 监视器面板**

监视器面板显示的是音视频节目编辑合成后的最终效果，用户可通过预览最终效果来估算编辑的效果与质量，以便进行进一步的调整和修改。该面板如图1-16所示。

在该面板的右下方有"提升""提取"等工具，可以用来删除序列中选中的部分内

容；单击右下角的"导出单帧"按钮，打开"导出单帧"对话框，可以将序列单独导出
为单帧图片。

图 1-15

图 1-16

### 4. "时间轴"面板

　　"时间轴"面板是Premiere中最主要的编辑面板，如图1-17所示。在该面板中可以按
照时间顺序排列和连接各种素材，可以剪辑片段和叠加图层、设置动画关键帧和合成效
果等。时间指示器还可多层嵌套，该功能对制作影视长片或者复杂特效十分有用。

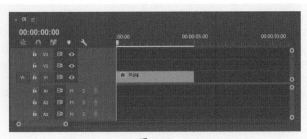

图 1-17

**5. 工具面板**

工具面板中存放着多种常用操作工具，这些工具主要用于在"时间轴"面板中进行编辑操作，如选择对象、波纹编辑、运用钢笔工具、编辑文字等，该面板如图1-18所示。

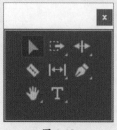

图 1-18

**6. 自定义工作区**

Premiere Pro为用户提供了"编辑""效果"等多种预设布局，用户可以根据自身编辑习惯来选择其中一种布局模式。选择的布局模式并不是不可变化的，用户可以对当前的布局模式进行编辑，例如调整部分面板在操作界面中的位置、取消某些面板在操作界面中的显示等。在任意一个面板右上角单击扩展按钮，在弹出的扩展菜单中执行"浮动面板"命令，如图1-19所示，即可将当前面板脱离操作界面，如图1-20所示。

图 1-19

图 1-20

💬 **技巧点拨**

将光标放置在相邻面板之间的隔条上时，光标会变成■，此时按住鼠标左键并拖动光标，隔条两侧相邻的面板面积会随之增大或减小；若想同时调节多个面板，可将光标放置在多个面板的交叉位置，此时光标会变为■，按住并拖动光标，即可同时改变多个面板的大小。

如果调整后的界面布局并不适合编辑需要时，用户可以将当前布局模式重置为默认的布局模式。下面将对其具体的设置操作进行介绍。

**步骤01** 打开项目文件，当前工作区布局如图1-21所示。

图 1-21

**步骤 02** 执行"窗口"|"工作区"|"重置为保存的布局"命令，如图1-22所示。

图 1-22

**步骤 03** 完成上述操作后，工作区布局会自动恢复至初始布局效果，如图1-23所示。

图 1-23

**知识链接**
Premiere Pro的工作界面在未创建项目之前是空白的，仅有菜单栏。只有新建或打开项目以后，才会显示出"项目""监视器""时间指示器""工具"等操作面板。

## 1.1.2 视频剪辑的基本流程

本节将介绍运用Premiere Pro视频编辑软件进行影片编辑的工作流程。通过本节的学习，可了解如何把零散的素材整理制作成完整的影片。

### ❶ 前期准备

要制作一部完整的影片，首先要有一个优秀的创作构思将整个故事描述出来，确立故事的大纲。随后根据故事的大纲做好详细的细节描述，以此作为影片制作的参考指导。

脚本编写完成之后，按照影片情节的需要准备素材。素材的准备工作是一个复杂的过程，一般需要使用DV摄像机等拍摄大量的视频素材，另外也需要收集音频和图片素材。

### ❷ 设置项目参数

要使用Premiere Pro编辑一部影片，首先应创建符合要求的项目文件，并将准备的素材文件导入至"项目"面板中备用。

设置项目参数包括以下几点：①在新建项目时，执行"文件"|"新建"|"项目"命令，打开"新建项目"对话框，在该对话框中设置项目参数，如图1-24所示。②在进入编辑项目之后，可执行"编辑"|"首选项"下的子菜单命令，在"首选项"对话框中设置工作参数，如图1-25所示。

新建项目时，设置的项目参数主要包括序列的编辑模式与帧大小、轨道等参数。

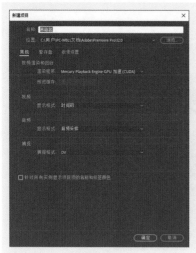

图 1-24

图 1-25

### ❸ 导入素材

在新建项目之后，接下来需要做的是将待编辑的素材导入到Premiere的"项目"面板，为影片编辑做准备。

**4. 编辑素材**

导入素材之后，接下来应在"时间轴"面板中对素材进行编辑等操作。编辑素材是使用Premiere编辑影片的主要内容，包括设置素材的帧频及画面比例、素材的三点和四点插入法等，这部分内容将在后面章节中进行详细讲解。

**5. 导出项目**

在编辑完项目之后，就需要将编辑的项目进行导出。导出项目包括两种情况：导出媒体和导出编辑项目，以便于其他编辑软件进行编辑。

其中，导出媒体即将已经编辑完成的项目文件导出为视频文件，一般应该导出为有声视频文件，且应根据实际需要为导出影片设置合理的压缩格式。导出媒体需要在"导出设置"对话框中设置相应的媒体参数，如图1-26所示。导出编辑项目包括导出到Adobe Clip Tape、回录至录影带、导出到EDL、导出到OMP等方式。

图 1-26

## 1.1.3 剪辑前准备工作

在开始使用Premiere Pro进行影片剪辑工作之前，应当进行一些准备工作，便于以后更好地进行项目创建。

**1. 工程文件不要设置在系统盘（C盘）**

在影片剪辑过程中，会产生大量的缓存文件。缓存文件默认是与工程文件保存在同一位置，如果将工程文件设置在系统盘，很容易造成系统空间不足，系统不稳定，给工作带来很大隐患。

**2. 素材分类**

在未来的工作中，用户会用软件剪辑很多作品，甚至同时进行两个或两个以上不同的工程。当内存空间不足时，就需要对多余的文件进行清理。为了保证不误删正在使用的工程素材，需要在开始工作之前对素材进行分类。

工作素材可分为常用素材和临时素材两种，常用素材包括视频动态素材、音乐素材、音效素材、字库、插件等；临时素材则是指学习或者工作需要使用的LOGO、宣传图、音乐、解说词、制作要求等。用户可以根据个人习惯进行进一步的优化分类。

# 1.2　素材采集与导入

素材的来源有多种，有些用户的素材资源较多，在制作影片时，可以大量使用这些现成的素材。但即使是素材较多的用户，也必须掌握素材的采集知识。本节将为读者介绍视频采集的分类、导入素材等知识。

## 1.2.1　视频采集的分类

从摄像机采集视频素材分为两种情况，一种是采集数字视频，另一种是采集模拟视频。这两种采集的原理不同，且其使用的硬件也不一样。

数字视频是使用DV数码摄像机拍摄的数字信号，其本身就是采用二进制编码的数字信息，由于计算机也是使用数字编码处理信息的，因此只需要将视频数字信号直接传输到计算机中保存即可。采集数字视频素材时，除了需要摄像机以外，还需要计算机中安装有1394接口卡，这样才能将DV中数字视频信号传输到计算机中。

模拟视频是使用模拟摄像机拍摄的模拟信息，该信息是一种电磁信号，在采集的时候通过播放解码图像，再将图像编码成数字信号保存到计算机中。相对于数字视频的采集过程而言，模拟视频的采集过程要复杂一些，对硬件的要求更高，在采集模拟视频的过程中丢失信息是必然的，因此效果比数字视频差。由于模拟视频的这个缺点，它正逐渐被数字视频所取代。

> **知识链接**　　采集模拟视频一般需要安装一块具有AV复合端子或者S端子的非编卡，但是专业的非编卡价格非常昂贵，一般的家庭用户可以使用具有视频采集功能的电视卡代替，虽然画面效果较差，但其价格非常低廉。

**1. 采集数字视频**

采集数字视频主要是指从DV数码摄像机中采集视频素材，在进行数字视频采集之前需要在Premiere Pro中对各种与采集相关的参数进行设置，才能保证采集工作的顺利进行，并保证视频素材的采集质量。

在采集视频素材之前，先要确定摄像机已经通过1394接口与计算机相连接，并且打开摄像机的电源开关、设置摄像机为播放工作模式，之后即可开始视频素材的采集。

### 2. 采集模拟视频

采集模拟视频，需要在计算机上安装一块带有AV复合输入端子或者S端子的视频采集卡。采集过程中，在模拟设备中播放视频，模拟的视频信号通过AV复合输入端子或者S端子传输到采集卡，采集卡对该信号进行采集并转化为数字信号保存到计算机硬盘指定位置。一般在采集过程中均需要对采集的视频信号进行压缩编码，以节省计算机硬盘空间。

## 1.2.2  导入素材

Premiere Pro支持图像、视频、音频等多种类型和文件格式的素材导入，这些类型素材的导入方式基本相同。将准备好的素材导入到"项目"面板中，可以通过不同的操作方法来完成。本节将为读者介绍3种导入素材的操作方法：通过命令导入、从媒体浏览器导入以及直接拖入。

### 1. 通过命令导入素材

方法一：执行"文件"|"导入"命令，如图1-27所示；在弹出的"导入"对话框中展开素材的保存目录，选择需要导入的素材文件，如图1-28所示。单击"打开"按钮，即可将选择的素材导入到"项目"面板中。

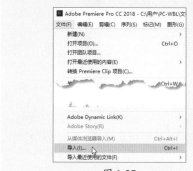

图 1-27

图 1-28

方法二：在"项目"面板的空白处单击鼠标右键并选择"导入"命令，或是双击鼠标左键，在弹出的"导入"对话框中展开素材的保存目录，选择需要导入的素材文件，然后单击"打开"按钮，即可将选择的素材导入到"项目"面板中，如图1-29所示。

图 1-29

**2. 从媒体浏览器导入素材**

在"媒体浏览器"面板中展开所需素材文件的存储路径，将所需素材文件选中，然后单击鼠标右键并选择"导入"命令，即可完成指定素材的导入，如图1-30、图1-31所示。

图 1-30　　　　　　　　　　　　　　　图 1-31

**3. 直接拖入外部素材**

除了上述操作方法外，用户还可以通过直接拖入的方式导入素材。在文件夹中选择需要导入的素材文件，然后按住文件并拖动到"项目"面板中，就可以快速实现素材的导入，如图1-32所示。

图 1-32

# 1.3　素材编排与归类

素材的编排与归类包括对素材文件进行重命名、自定义素材标签色、创建文件夹进行分类管理等。本节将向读者详细地介绍素材编排与归类的具体内容和操作。

## 1.3.1　解释素材

当需要修改"项目"面板中素材的时候，可通过"解释素材"命令修改其属性，包括设置帧速率、像素长宽比、场序、Alpha通道等参数，以及观察素材的属性值。

选择需要修改的素材，执行"剪辑"|"修改"|"解释素材"命令，如图1-33所示；系统会弹出"修改剪辑"对话框，在"解释素材"选项卡中即可修改素材属性，如图1-34所示。

图 1-33                    图 1-34

## 1.3.2 重命名素材

素材文件一旦导入到"项目"面板中，就会和其源文件建立链接关系。对"项目"面板中的素材文件进行重命名，往往是为了方便在影视编辑操作过程中更容易进行识别，但并不会改变源文件的名称。

选择"项目"面板中的素材之后，执行"剪辑"|"重命名"命令，如图1-35所示；直接在"项目"面板中修改素材名称即可，如图1-36所示。也可以在"项目"面板中右击素材，在弹出的快捷菜单中选择"重命名"命令。

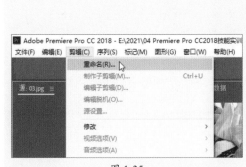

图 1-35

图 1-36

素材文件一旦添加到序列中，就成为一个素材剪辑，并且会和"项目"面板中的素材文件建立链接关系。

添加到序列中的素材剪辑，会以该素材在"项目"面板中的名称显示剪辑名称。但对"项目"面板中的素材文件进行重命名后，已经添加到序列中的素材剪辑不会随之更新名称。想要为素材剪辑更改名称，需要重新对"时间轴"面板中的素材剪辑再次执行"重命名"操作。

### 1.3.3 建立素材箱

在进行大型影视编辑工作中，往往会有大量的素材文件，在查找选用时很不方便。通过在"项目"面板中建立素材箱，将素材科学合理地进行分类存放，可方便进行编辑工作时选用。

单击"项目"面板下方工具栏中的"新建素材箱"按钮█，系统会自动创建一个素材箱，如图1-37所示；输入合适的名称之后，在空白处单击即可完成素材箱的创建，用户可以将相应的素材文件拖进素材箱，如图1-38所示。

图 1-37

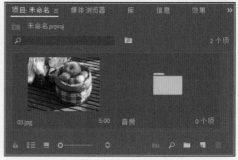
图 1-38

### 1.3.4 标记素材

标记是一种辅助性工具，主要用于确定序列或剪辑重要的声音和动作，方便用户查找和访问特定的时间点，但不会影响视频本身。Premiere Pro可以设置素材的出入点，还可以添加章节标记和Flash提示标记。在菜单栏中单击"标记"菜单选项，可以看到该菜单下的命令，如图1-39所示。

执行"标记"|"添加标记"命令或者按M键，会直接创建标记，双击标记符号可以打开"标记"对话框，在其中可以设置标记的名称、持续时间、注释内容、标记颜色、标记类型等，如图1-40所示。

图 1-39

图 1-40

**知识链接**　　　选择素材再按M键，会将标记添加到素材上；在"时间轴"面板的空白处单击后再按M键，则会将标记添加在时间轴上。素材上的标记会随着素材的移动而移动，时间轴上的标记则不会受到影响。

## ■1. 序列标记

序列标记需要在"时间轴"面板中进行设置。序列标记主要包括出点/入点、套选入点和出点等，如图1-41所示。

图 1-41

## ■2. 章节标记

执行"标记"|"添加章节标记"命令，会打开"标记"对话框并自动选中"章节标记"单选按钮，在时间指示器的当前位置添加DVD章节标记。将影片项目转换输出并刻录成DVD影碟后，在放入影碟播放机时，会显示章节段落点，可以用影碟机的遥控器进行点播或跳转到对应的位置开始播放。

**3. Flash 提示标记**

执行"标记"|"添加Flash提示标记"命令，会打开"标记"对话框并自动选中"Flash提示点"单选按钮，在时间指示器的当前位置添加Flash提示标记。将影片项目输出为包含互动功能的影片格式（如*.mov）后，在播放到该位置时，依据设置的Flash响应方式，执行设置的互动事件或跳转导航。

> 💬 **技巧点拨**
>
> 若要删除不需要的标记，则可以将时间指示器跳转至该标记处，选择该标记后，执行"标记"|"清除所选标记"命令，即可将当前选择的标记删除。若执行"标记"|"清除所有标记"命令，则删除所有的标记。

## 1.3.5 查找素材

在影视编辑工作中，素材量很大或较为混乱时，往往可以通过素材查找功能来搜索所需要的素材。

在"项目"面板的空白处单击鼠标右键，选择"查找"命令，如图1-42所示；在弹出的"查找"对话框中可以根据"列"类型或标记颜色查找对象，也可以输入内容以查找对象，如图1-43所示。

图 1-42

图 1-43

## 1.3.6 脱机编辑

当改变源文件的路径、名称或源素材被删除时，系统会提示找不到素材，可通过"离线素材"功能为丢失文件重新指定路径。离线素材具有与源素材文件相同的属性，起到一个展位浮动的作用。

选择"项目"面板中需要脱机编辑的素材，单击鼠标右键，在弹出的快捷菜单中选择"设为脱机"命令，如图1-44所示；在弹出的"设为脱机"对话框中选择相应的选项，即可将所选择的素材文件设为脱机，如图1-45所示。

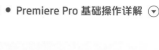

图 1-44                                        图 1-45

## 1.3.7 链接媒体

对处于脱机状态的素材进行剪辑时，右键单击素材，在弹出的快捷菜单中选择"链接媒体"命令，如图1-46所示；系统会弹出"链接媒体"对话框，如图1-47所示。

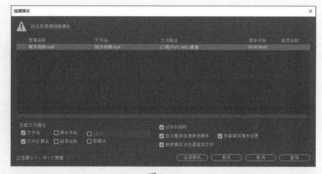

图 1-46                                        图 1-47

在该对话框中会显示素材的原始路径，单击"查找"按钮，打开"查找文件"对话框，选择所需素材文件，单击"确定"按钮后即可重新链接素材，恢复该素材在影片项目中的正常显示，如图1-48所示。

图 1-48

# 自己练／自定义工作界面

**项目背景** Premiere Pro提供了多种预设工作界面，初始启动后，默认使用的是"编辑"预设类型。对于新手来说，功能面板太多，操作起来会有些摸不着头脑。选择关掉一些功能面板，仅保留最基础、最核心的功能，可以使工作界面简洁许多，也更加容易上手。

**项目要求** ①保留"项目"面板、"时间轴"面板和监视器面板。

②保留"效果控件"面板和"效果"面板。

③保留"工具"面板和"历史记录"面板。

④保存自定义的工作区。

**项目分析** 在要关闭的面板标题上右击，从弹出的列表中选择"关闭面板"命令，即可将该面板关闭；要打开某个面板，可以在菜单栏中单击"窗口"菜单命令，从列表中选择要打开的面板选项，如图1-49所示。

图 1-49

**课时安排** 2课时。

第**2**章

# 视频剪辑操作详解

## 本章概述

　　作为一个专业的剪辑软件，掌握基础的剪辑知识是非常必要的。剪辑就是通过对素材添加出点和入点以截取其中好的视频片段，将其与其他视频素材进行组合，从而形成一个新的视频片段。本章将对视频剪辑的一些基础理论知识和剪辑语言进行详细介绍，让读者对视频剪辑有更深入的认识。

## 要点难点

- 在监视器面板剪辑素材 ★★☆
- 在"时间轴"面板剪辑素材 ★★★
- 在"项目"面板创建素材 ★☆☆

# 跟我学 制作倒计时视频 //////////////////////

**学习目标** 倒计时播放在很多动画节目中经常出现，下面将利用本章所学的知识制作一个倒计时视频，为读者详细介绍利用Premiere Pro进行视频剪辑的知识点，使读者能更好地理解和应用视频剪辑的相关工具和知识。

**效果预览**

**案例路径** 云盘＼实例文件＼第2章＼跟我学＼制作倒计时视频

## 1. 新建项目和序列

**步骤 01** 执行"文件"|"新建"|"项目"命令，在弹出的"新建项目"对话框中输入项目名称，单击"浏览"按钮打开"请选择新项目的目标路径"对话框，指定项目保存位置，如图2-1、图2-2所示。

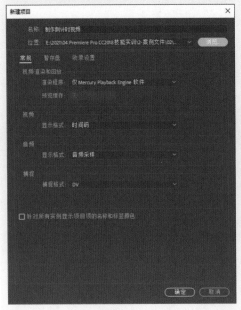

图 2-1

图 2-2

**步骤 02** 执行"文件"|"新建"|"序列"命令，打开"新建序列"对话框，在"设置"选项卡中设置项目序列参数，单击"确定"按钮即可创建序列，如图2-3、图2-4所示。

图 2-3

图 2-4

## 2. 导入并编辑素材

**步骤 01** 在"项目"面板空白处双击鼠标左键，打开"导入"对话框，选择所需的素材，如图2-5所示。

**步骤 02** 单击"打开"按钮，即可将素材导入到"项目"面板中，如图2-6所示。

图 2-5

图 2-6

**步骤 03** 将"项目"面板中的"电视.png"素材拖动到V2轨道上，如图2-7所示。

图 2-7

**步骤 04** 在"节目"监视器面板中可预览图像素材，如图2-8所示。

**步骤 05** 选中"电视.png"素材，切换至"视频效果"面板，设置"缩放"参数为75，如图2-9所示。

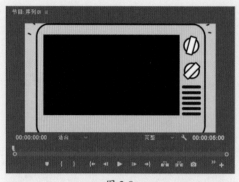

图 2-8

图 2-9

**步骤 06** 完成操作后，在"节目"监视器面板中预览调整后的效果，如图2-10所示。

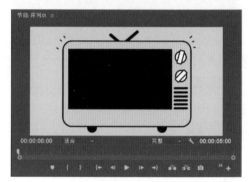

图 2-10

### 3. 创建倒计时片头

**步骤 01** 单击"项目"面板工具栏中的"新建项"按钮，在弹出的菜单中选择"通用倒计时片头"命令，如图2-11所示。

**步骤 02** 在打开的"新建通用倒计时片头"对话框中，设置片头视频的参数，如图2-12所示。

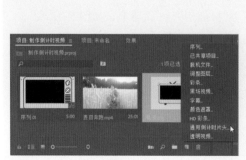

图 2-11

图 2-12

**步骤 03** 单击"确定"按钮关闭对话框，会弹出"通用倒计时设置"对话框，如图2-13所示。

**步骤 04** 单击"擦除颜色"后面的色块，在弹出的"拾色器"对话框中设置颜色值，如图2-14所示。

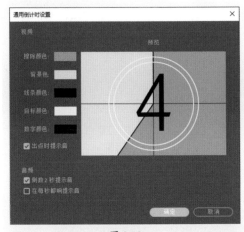

图 2-13

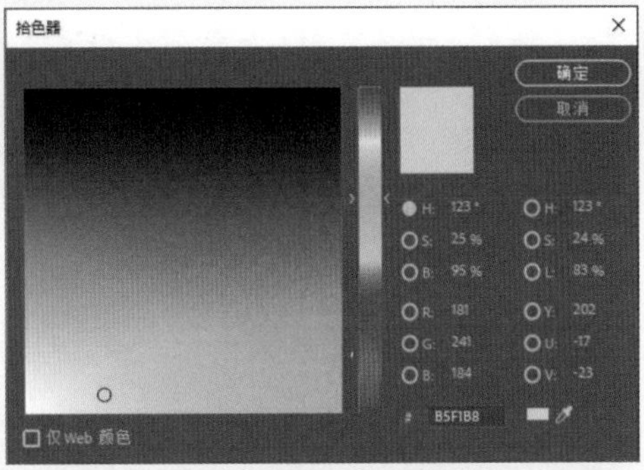

图 2-14

**步骤 05** 单击"线条颜色"后面的色块，在弹出的"拾色器"对话框中设置颜色值，如图2-15所示。

**步骤 06** 单击"目标颜色"后面的色块，在弹出的"拾色器"对话框中设置颜色值，再为"数字颜色"设置同样的颜色值，如图2-16所示。

图 2-15

图 2-16

**步骤 07** 设置完成后，勾选"在每秒都响提示音"复选框，即可预览效果，如图2-17所示。

**步骤 08** 设置完毕后单击"确定"按钮关闭对话框，会在"项目"面板中创建倒计时片头，如图2-18所示。

图 2-17

图 2-18

## 4. 编辑素材

**步骤01** 将"通用倒计时片头"素材拖至"时间轴"面板V1轨道，如图2-19所示。

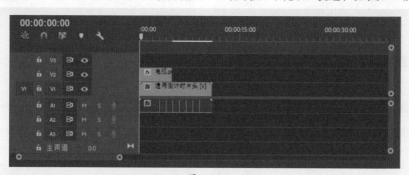

图 2-19

**步骤02** 用同样的方法将"麦田奔跑.mp4"素材拖至"通用倒计时片头"素材后，如图2-20所示。

图 2-20

**步骤03** 将时间指示器移动至00:00:20:00，使用剃刀工具在该位置裁开素材，如图2-21所示。

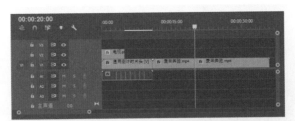

图 2-21

**步骤 04** 选择并删除时间指示器右侧的素材片段，如图2-22所示。

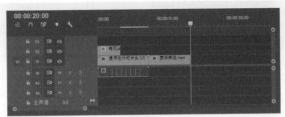

图 2-22

**步骤 05** 设置完成后拖曳"电视.png"素材使之时间长度与V1轨道素材长度一致，如图2-23所示。

图 2-23

**步骤 06** 选中"通用倒计时片头"素材，切换至"视频效果"面板，设置"位置"和"缩放"参数，如图2-24所示。

**步骤 07** 完成操作后，在"节目"监视器面板中预览效果，如图2-25所示。

图 2-24

图 2-25

**步骤 08** 选择"麦田奔跑.mp4"素材，在"视频效果"面板中设置相关参数，如图2-26所示。

**步骤 09** 完成操作后，在"节目"监视器面板中预览效果，如图2-27所示。

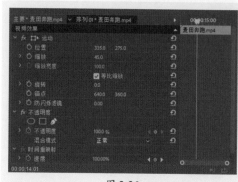

图 2-26                                         图 2-27

**5. 保存并导出媒体**

**步骤 01** 执行"文件"|"保存"命令，即可保存项目文件。

**步骤 02** 执行"文件"|"导出"|"媒体"命令，或者按Ctrl+M组合键，在弹出的"导出设置"对话框中设置输出名称及路径等参数，如图2-28所示。

**步骤 03** 设置完毕后单击"导出"按钮，即可将当前项目输出为视频文件。

图 2-28

## 2.1 监视器面板剪辑素材

监视器面板主要包括观看素材和剪辑素材两个功能。观看素材需要在各个阶段进行，素材进入软件时需要观看源素材，找到需要留下的素材内容并设置出点/入点。素材剪辑效果也必须通过监视器面板观看，根据窗口内容调整素材长短和切换的位置，逐渐形成一个完整的影片，这是一个不断尝试并修改的过程。

### 2.1.1 监视器面板

监视器面板分为左右两个部分，左侧是"源"监视器面板，主要用于预览和剪裁"项目"面板中选中的原始素材，如图2-29所示。右侧的是"节目"监视器面板，主要用于预览"时间轴"面板的序列中已经编辑的素材，也是最终输出视频效果的预览窗口，如图2-30所示。

图 2-29

图 2-30

安全区域包括节目安全区和字幕安全区。当制作的节目用于广播电视时，由于多数电视机会切掉图像外边缘的部分内容，所以我们要参考安全区域来保证图像元素在屏幕范围之内，尤其要保证字幕在字幕安全区之内，重要节目内容在节目安全区之内。其中，里面的方框是字幕安全区，外面的方框是节目安全区。

"源"监视器面板和"节目"监视器面板都可以设置安全框，如图2-31所示。在"源"监视器面板中，单击标题右侧的按钮展开下拉菜单，其中会显示"时间轴"面板的素材序列表，通过它可以快速

图 2-31

地浏览素材，如图2-32所示。

图 2-32

## 2.1.2 播放预览功能

　　使用"源"监视器播放素材时，可在"项目"面板或"时间轴"面板中双击素材，也可以将"项目"面板中的任一素材直接拖至"源"监视器面板中将其打开。监视器的下方第一排分别是素材时间编辑滑块位置时间码、窗口比例选择、素材总长度时间码显示。第二排是时间标尺、时间标尺缩放器以及时间编辑滑块，最后一排是素材源监视器的控制器及功能按钮，如图2-33所示。

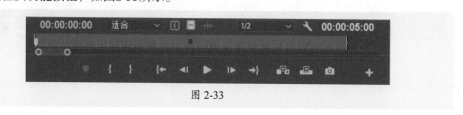

图 2-33

　　窗口左侧的蓝色时间数值是表示时间指示器所在位置的时间，窗口右边的白色时间数值是影片入点与出点之间的时间长度。

　　在左侧时间数值旁边的"适合"按钮可以改变窗口中影片显示大小，还可以选择相应的数值放大或缩小。若选中"适合"按钮，则无论窗口大小，影片显示大小都将与显示窗口匹配，从而显示完整的影片内容。

　　在右侧时间数值旁边的"1/2"图标按钮可以改变素材在监视器面板中显示的清晰程度。根据电脑配置可以选择相应的数值，选择"全分辨率"时，监视器面板播放是最清晰的，但相应的在监视器面板的显示会有卡顿现象；选择"1/4"时，监视器面板播放清晰度会下降，但播放卡顿现象会减弱。

单击"按钮编辑器"按钮➕，会打开"按钮编辑器"面板，其中提供了所有的编辑按钮，如图2-34所示。

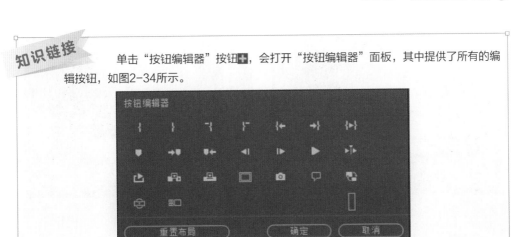

图 2-34

## 2.1.3　入点和出点

素材开始帧的位置是入点，在结束帧的位置是出点，"源"监视器中入点与出点范围之外的东西相当于切去了，在时间指示器中这一部分将不会出现，改变出点与入点的位置就可以改变素材在时间指示器上的长度。用户可以通过以下步骤改变入点与出点。

**步骤 01** 在"项目"面板中双击素材，该素材会在"源"监视器面板中打开，如图2-35所示。

**步骤 02** 在"源"监视器面板中拖动时间指示器来浏览素材，并选择素材开始的位置，如图2-36所示。

图 2-35

图 2-36

**步骤 03** 单击"标记入点"按钮▐（或按I键），入点位置的左边颜色不变，入点位置的右边变成灰色，如图2-37所示。

**步骤 04** 移动时间指示器找到结束的位置，单击"标记出点"按钮▐（或按O键），出点位置左边保持灰色，出点位置右边颜色不变，如图2-38所示。

图 2-37　　　　　　　　　　　　　　　图 2-38

**步骤 05** 素材的入点和出点设置完毕后，将"源"监视器面板中的素材画面拖曳至"时间轴"面板中，在时间指示器上显示的素材长度就是"源"监视器面板中入点和出点之间的灰色部分，如图2-39所示。

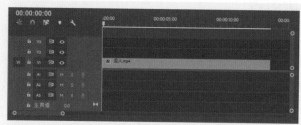

图 2-39

# 2.1.4　设置标记点

为素材添加标记，设置备注内容是管理素材、剪辑素材的重要方法，下面将对其相关操作进行详细介绍。

## ■ 添加标记

在"时间轴"面板中，将时间指示器移到需要添加标记的位置，单击"添加标记"按钮（按M键），标记点会在时间指示器处出现，如图2-40所示。

图 2-40

**2.跳转标记**

在"时间轴"面板的时间指示器标尺上单击鼠标右键，弹出快捷菜单，如图2-41所示。选择"转到下一个标记"命令，时间指示器会自动跳转到下一个标记的位置；选择"转到上一个标记"命令，时间指示器会自动跳转到上一个标记。

**3.备注标记**

在设置好的标记█处双击，弹出标记信息框，在信息框内可给标记命名、添加注释。

**4.删除标记**

在"时间轴"面板的时间指示器标尺上单击鼠标右键，弹出快捷菜单，选择"清除所选的标记"命令可清除当前选中的标记，选择"清除所有标记"命令则所有标记会被清除，如图2-42所示。

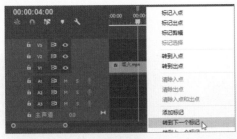

图 2-41

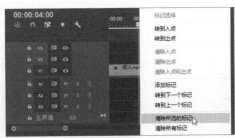

图 2-42

## 2.1.5 插入和覆盖

用户可以从"项目"面板和"源"监视器面板中将素材放入"时间轴"面板。在"源"监视器面板中单击"插入"按钮🎬，会把素材在时间指示器位置断开，并将素材直接放入"时间轴"面板的时间指示器所在位置，时间指示器后面的素材向后推移。

使用插入工具插入素材时，会把素材在时间指示器处断开，时间指示器后面的素材往后推移，插入的素材开头占领断开处，如图2-43、图2-44所示。

图 2-43

图 2-44

使用覆盖工具插入素材时，会把素材在时间指示器处断开，插入的素材会将时间指示器后面原有的素材覆盖，如图2-45、图2-46所示。

图 2-45              图 2-46

## 2.1.6  提升和提取

提升工具和提取工具需要在"节目"监视器面板中操作，与插入工具和覆盖工具的效果特别像，但是二者功能上的差异却很大，提升工具和提取工具可以在"时间轴"面板的指定轨道上删除指定的一段节目。

使用提升工具修改影片时，只会删除目标轨道中选定范围内的素材片段，对其前、后素材以及其他轨道上的素材都不会产生影响，如图2-47、图2-48所示为进行提升操作后的"时间轴"面板。

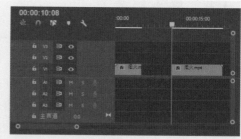

图 2-47              图 2-48

### 💬 技巧点拨

在"时间轴"面板中选择素材，移动时间指示器，按I键可标记素材片段的入点，再移动时间指示器，按O键可指定素材片段的出点，如此即可确定素材片段的范围。

使用提取工具修改影片时，会把"时间轴"面板中位于选择范围之内的所有轨道中的片段删除，并且会将后面的素材前移，如图2-49、图2-50所示为进行提取操作后的"时间轴"面板。

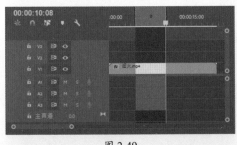

图 2-49

图 2-50

在影视编辑工作中，经常会提取"时间轴"面板中的素材，从而删除指定的目标轨道之中指定的片段，而且还会将其后的素材前移，填补空缺。

## 2.2 "时间轴"面板剪辑素材

在"时间轴"面板中剪辑素材会使用到很多工具。4种剪辑片段工具分别是轨道选择工具、滑动工具、错落工具和滚动工具，还有一些特殊效果和编组整理命令，下面详细介绍如何使用这些工具。

### 2.2.1 选择工具和轨道选择工具

选择工具是最常用的工具，其常规功能是移动素材及控制素材的长度。轨道选择工具主要用于选择目标右侧同轨道的素材，整体移动素材比框选更具优势。

选择工具（快捷键V键）和轨道选择工具（快捷键A键）都是调整素材片段在轨道中位置的工具，但是轨道选择工具可以选中同一轨道中的所有素材。

> **知识链接**　　使用选择工具配合Ctrl键可以同时拖曳相邻两个素材的入点和出点；配合Shift键可以不连续多选目标或取消选择；配合Alt键可以快速复制素材。

激活轨道选择工具，在"时间轴"面板中单击素材，会选中该素材以及右侧的所有素材，拖动素材时被选中的素材都会被执行操作，如图2-51、图2-52所示。

图 2-51

图 2-52

## 2.2.2 剃刀工具

激活"剃刀工具" 🔲后单击"时间轴"面板中的素材片段，素材会被裁切成两段，单击哪里就从哪里裁切开。当裁切点靠近素材上的时间指示器时，裁切点会被吸到时间指示器所在的地方，素材会从时间指示器位置裁切开，如图2-53、图2-54所示。

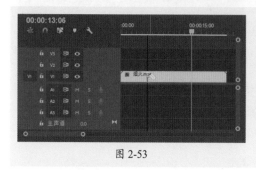 

图 2-53 　　　　　　　　　　　　　　　图 2-54

在"时间轴"面板中拖动时间指示器找到想要裁切的地方，然后按Ctrl+K组合键，就可以在时间指示器所在位置处把素材裁切开，如图2-55、图2-56所示。

图 2-55 　　　　　　　　　　　　　　　图 2-56

## 2.2.3 外滑工具

"外滑工具" 🔲（快捷键Y键）可以改变素材的出点和入点，但不改变其在轨道中的位置和长度，相当于重新定义当前素材的出点和入点。该工具使用的前提是视频必须是已经被剪辑过的。

激活外滑工具，在轨道的某个片段里面拖动，可以同时改变该片段的出点和入点，而片段长度不变，前提是出点后和入点前有必要的余量可供调节使用。同时相邻片段的出入点及影片长度不变。该工具的操作方法和具体效果如下。

**步骤 01** 将视频素材拖至"时间轴"面板，将时间指示器移动至00:00:05:00处，按Ctrl+K组合键在该位置处将视频裁开，再删除右侧的片段，如图2-57~图2-59所示。

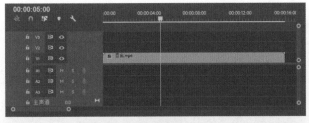

图 2-57

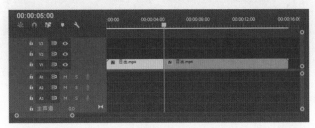

图 2-58

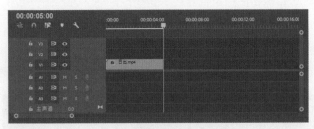

图 2-59

**步骤 02** 将时间指示器移动至起始位置处,"节目"监视器面板中可以看到视频的起始效果,如图2-60所示。

图 2-60

**步骤 03** 选择外滑工具,将鼠标指针移动到需要剪辑的素材上,指针呈黑色指针时,向左拖曳鼠标即可对素材的出入点进行修改。

**步骤 04** 在拖曳过程中,"节目"监视器面板中将会依次显示片段的出点和入点,同时显示画面帧数,如图2-61所示。

图 2-61

## 2.2.4　内滑工具

内滑工具（快捷键U键）和外滑工具正好相反，使用内滑工具拖动片段，其出入点和长度不变，但前一相邻片段的出点与后一相邻片段的入点会随之变化。该工具使用的前提是前一相邻片段的出点之后和后一相邻片段的入点之前要有必要的余量可供调节使用。该工具的操作方法和具体效果如下。

**步骤 01** 选择内滑工具，将要剪辑的素材拖动至"时间轴"面板，如图2-62所示。

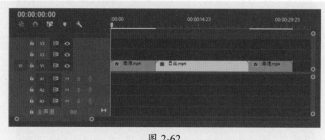

图 2-62

**步骤 02** 将鼠标指针放置在中间的素材片段上，呈黑色指针时，左右拖曳鼠标对素材进行修改，如图2-63所示。

图 2-63

**步骤 03** 在拖曳过程中，"节目"监视器面板将显示被调整片段的出点与入点以及未被编辑的出点与入点，如图2-64所示。

图 2-64

## 2.2.5　滚动编辑工具

　　使用滚动编辑工具（快捷键N键）可以调整素材的入点或出点，而相邻素材的出点或入点不变，使影片的总长度不变。前提是被调整的素材片段入点前面有余量可供调节。

　　选择滚动编辑工具，将光标放到"时间轴"面板轨道里其中一个片段的开始处，当光标变成红色的两条竖线条时，按住鼠标左键向左拖动可以使入点提前，从而使得该片段增长，同时前一相邻片段的出点相应提前，长度缩短，如图2-65、图2-66所示。

图 2-65

图 2-66

　　按住鼠标左键向右拖动可以使入点拖后，从而使得该片段缩短，同时前一片段的出点相应拖后，长度增加，前提是前一相邻片段出点后面必须有余量可供调节。双击红色竖线时，"节目"监视器面板会弹出详细的修整参数，可以对其进行细调。

## 2.2.6　比率拉伸工具

使用比率拉伸工具可以任意改变素材的播放速率，从而缩短或增加时间长度，其变化会直观地显示在素材长度上。

选择比率拉伸工具，将光标放到"时间轴"面板轨道里其中一个片段的开始或者结尾处，当光标变成黑色S形双箭头与红色中括号的组合图标时，按住鼠标左键向右或者向左拖动可以使得该片段缩短或者延长，入点和出点不变，片段缩短时播放速度加快，片段延长时播放速度变慢，且片段上会显示原播放速度的百分比，如图2-67、图2-68所示。

图 2-67

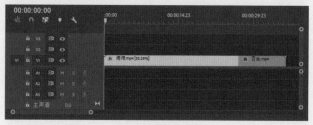

图 2-68

在片段播放速度的控制上，还有更加精确的操作方法。选中轨道里的其中一段素材后单击鼠标右键，在弹出的快捷菜单中选择"速度/持续时间"命令，会打开"剪辑速度/持续时间"对话框，用户可在该对话框中对速度百分比或持续时间进行调节，如图2-69所示。

图 2-69

"剪辑速度/持续时间"对话框中各主要选项的含义介绍如下。

- **速度：** 该参数可以调整片段播放速度，100%的速度值时片段播放速度正常，小于100%为减速，大于100%为加速。
- **持续时间：** 该参数可确定片段在轨道中的持续时间，调整数值后，持续时间长度比原片段时间短，播放速度加快；持续时间长度比原片段时间长，播放速度减慢。
- **倒放速度：** 选择该选项时，片段内容将反向播放。
- **保持音频音调：** 选择该选项时，片段的音频播放速度将保持不变。

● **波纹编辑，移动尾部剪辑**：选择该选项时，片段加速导致的空隙会被自动填补上。

## 2.2.7 帧定格

帧定格是将视频中的某一帧以静帧的方式显示，被冻结的静帧可以是片段的入点或出点。下面将对帧定格的操作方法进行介绍。

**步骤 01** 在"时间轴"面板中选择一个片段，将时间指示器移动到需要冻结的帧画面上，使用剃刀工具从需要冻结的帧画面上裁切，如图2-70所示。

图 2-70

**步骤 02** 选中要冻结的片段，单击鼠标右键，在弹出的菜单中选择"帧定格选项"命令，系统会弹出"帧定格选项"对话框，如图2-71所示。

图 2-71

> **知识链接**　　"帧定格选项"对话框中的"定格位置"有"源时间码""序列时间码""入点""出点"和"播放指示器"共5个选项，选择"入点"选项则片段以入点那帧的静帧显示，选择"出点"选项或"播放指示器"选项则分别以出点和指示器位置的静帧显示。"定格滤镜"选项则使静帧显示时画面保持使用滤镜后的效果。

## 2.2.8 帧混合

帧混合命令主要用于融合帧与帧之间的画面，使之过渡更加平滑。当素材的帧速率与序列的帧速率不同时，Premiere Pro会自动补充缺少的帧或跳跃播放，但在播放时会产生画面的抖动。如果使用帧混合命令，即可消除这种抖动。当用户改变速度时，利用帧混合命令可以减轻画面抖动，但为此付出的代价是输出时间会增多。

选择片段并单击鼠标右键，可在弹出的快捷菜单中选择"时间插值"|"帧混合"命令，如图2-72所示。

图 2-72

## 2.2.9　复制/粘贴素材

复制、剪切和粘贴是Windows中常用的命令，在Premiere Pro中也有同样的命令。

在"时间轴"面板中，选中素材，执行"编辑"|"复制"命令，或者按Ctrl+C组合键复制素材；然后移动时间指示器到要粘贴的位置，按Ctrl+Shift+V组合键即可将素材粘贴到该位置，时间指示器后面的素材会向后移动，如图2-73、图2-74所示。

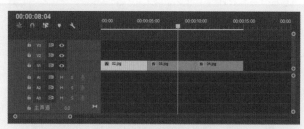

图 2-73

图 2-74

如果按Ctrl+V组合键进行粘贴，时间指示器后面的素材不会向后移动，而是被覆盖，如图2-75所示。

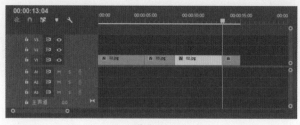

图 2-75

## 2.2.10　删除素材

在"时间轴"面板中，不再使用的素材可以将其删除，且从"时间轴"面板中删除的素材并不会在"项目"面板中删除。

删除包括"清除"和"波纹删除"两种方式。选择素材，执行"编辑"|"清除"命令，或者按Delete键删除素材后，"时间轴"面板的轨道上会留下该素材的空位，如图2-76、图2-77所示。

图 2-76

图 2-77

选择素材，执行"编辑"|"波纹删除"命令，删除该素材，后面的素材会向前递进覆盖被删除素材留下的空位，如图2-78所示。

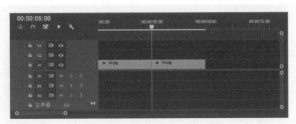

图 2-78

## 2.2.11　场的设置

在使用视频素材时，会遇到交错视频场的问题，这会严重影响最后的合成质量。场是因隔行扫描系统而产生的，两场为一帧，根据视频格式、采集或回放设备的不同，场的优先顺序是不同的。如果场序反转，运动会僵持和闪烁。在剪辑中，改变片段速度、反向播放片段或冻结视频帧，都有可能遇到场处理问题，用户需要正确处理场设置来保证影片效果。

在"时间轴"面板的素材上单击鼠标右键，在弹出的快捷菜单中选择"场选项"命令，会打开"场选项"对话框，如图2-79所示。

图 2-79

其中，各选项的含义介绍如下。

- **交换场序**：若素材场序与视频采集卡顺序相反，则勾选此复选框。
- **无**：表示不处理素材。
- **始终去隔行**：将隔行扫描场转换为非隔行扫描的逐行扫描帧。
- **消除闪烁**：表示该选项用于消除细水平线的闪烁。

## 2.2.12 分离/链接音视频

"分离/链接"功能可以把视频和音频分离开单独操作，也可以链接在一起成组操作。

分离素材时，首先在"时间轴"面板中选中需要分离的素材，单击鼠标右键，在弹出的快捷菜单中选择"取消链接"命令，随后即可分离素材的视频和音频部分。

链接素材也很简单，在"时间轴"面板中框选需要进行链接的视频或音频素材，单击鼠标右键，在弹出的快捷菜单中选择"链接"命令，这样就在视频素材和音频素材之间建立了链接。

**知识链接**　建立了链接的视频素材和音频素材，在轨道上视频素材的名称后方会出现一个[V]字，在"时间轴"面板左侧激活"链接选择项"按钮，再移动视频片段时会发现音频轨道会随着一同移动，如图2-80所示。

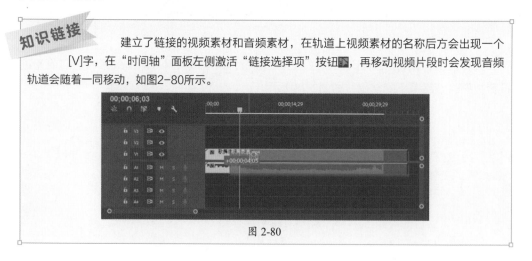

图 2-80

## 2.3 "项目"面板创建素材

在剪辑时，用户除了可以通过导入和采集来获取素材外，还可以通过"项目"面板创建素材，主要包括"彩条""黑场视频""颜色遮罩""调整图层"和"通用倒计时片头"这几种类型，本节将详细介绍几种素材的使用方法。

## 2.3.1 彩条

在"项目"面板右下方单击"新建项"按钮⬛️，也可以在"项目"面板的空白处单击鼠标右键，在弹出的菜单中选择"新建项目"|"彩条"命令，打开"新建彩条"对话框，设置参数后单击"确定"按钮就可以创建彩条素材，如图2-81、图2-82所示。

创建出的彩条素材同时也带有声音素材，如图2-83所示。

  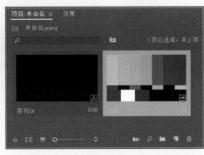

图 2-81　　　　　　　图 2-82　　　　　　　　　　　图 2-83

## 2.3.2 黑场视频

在"项目"面板右下方单击"新建项"按钮⬛️，也可以在"项目"面板的空白处单击鼠标右键，在弹出的菜单中选择"新建项目"|"黑场视频"命令，会打开"新建黑场视频"对话框，设置参数后单击"确定"按钮就可以创建黑场视频素材，如图2-84~图2-86所示。需要说明的是，黑场视频素材可以进行透明度调整。

 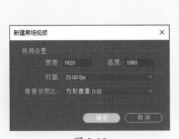 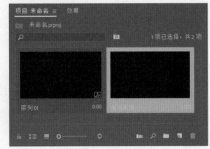

图 2-84　　　　　　　图 2-85　　　　　　　　　　　图 2-86

## 2.3.3 颜色遮罩

Premiere Pro可以为影片创建颜色遮罩，具体操作如下所示。

**步骤 01** 在"项目"面板下方单击"新建项"按钮，也可以在"项目"面板的空白处单击鼠标右键，在弹出的菜单中选择"新建项目"|"颜色遮罩"命令，如图2-87所示。

**步骤 02** 系统会弹出"新建颜色遮罩"对话框，在该对话框中设置参数，如图2-88所示。

**步骤 03** 单击"确定"按钮后，会弹出"拾色器"对话框，选择合适的颜色，如图2-89所示。

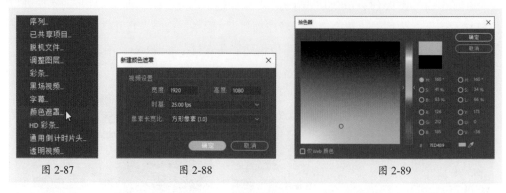

图 2-87          图 2-88          图 2-89

**步骤 04** 单击"确定"按钮关闭对话框后会弹出"选择名称"对话框，在这里可输入新遮罩的名称，如图2-90所示。

**步骤 05** 单击"确定"按钮关闭对话框即可创建颜色遮罩，如图2-91所示。

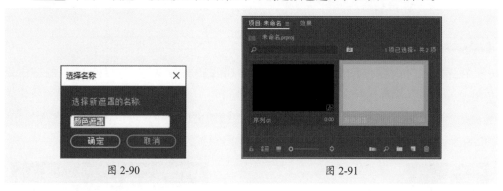

图 2-90          图 2-91

## 2.3.4  调整图层

调整图层是一个透明的图层，它能应用特效到一系列的影片剪辑中而无须重复地复制和粘贴属性。只要应用一个特效到调整图层轨道上，特效结果将自动出现在下面的所有视频轨道中。

在"项目"面板下方单击"新建项"按钮，也可以在"项目"面板的空白处单击鼠标右键，在弹出的菜单中选择"新建项目"|"调整图层"命令，系统会弹出"调整图层"对话框，设置图层参数就可以创建出调整图层，如图2-92、图2-93所示。

图 2-92          图 2-93

## 2.3.5　通用倒计时片头

倒计时片头常用于影片开始前的倒计时准备。在"项目"面板下方单击"新建项"按钮，在弹出的菜单中选择"通用倒计时片头"命令，如图2-94所示；在弹出的"新建通用倒计时片头"对话框中设置片头尺寸，如图2-95所示。

图 2-94

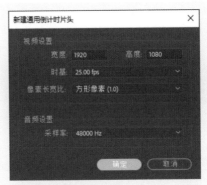

图 2-95

单击"确定"按钮关闭对话框，会弹出"通用倒计时设置"对话框，用户可从中设置倒计时视频颜色和音频等相应参数，如图2-96所示。

该对话框中各选项的含义介绍如下。

- **擦除颜色**：表示擦除的颜色，用户可以为擦除区域选择颜色。
- **背景色**：表示背景的颜色，用户可以为擦除颜色后的区域选择颜色。
- **线条颜色**：表示指示线的颜色，为水平和垂直线条选择颜色。

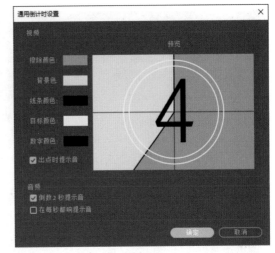

图 2-96

- **目标颜色**：为数字周围的双圆形选择颜色。
- **数字颜色**：表示数字颜色，为倒数数字选择颜色。
- **出点时提示音**：该选项表示结束提示标志，勾选该选项后将在片头的最后一帧中显示提示音。
- **倒数2秒提示音**：若勾选该选项，则在2数字处播放提示音。
- **在每秒都响提示音**：若勾选该选项，则在每秒开始时播放提示音。

# 自己练/制作慢镜头效果

案例路径 云盘\实例文件\第2章\自己练\制作慢镜头效果

项目背景 在使用Premiere Pro进行视频剪辑制作时，经常需要一些"空镜"去填充内容或表达情绪，慢动作视频就是很好的表达方式，可以使作品的观赏性大大提高。本案例将对视频素材中的一个片段进行拉伸处理，从而制作出慢动作镜头效果。

项目要求 ①选择合适的视频素材。

②搭配音频效果。

③选择合适的一个片段制作成慢动作。

项目分析 导入视频和音频素材，利用剃刀工具将视频分成两个片段，利用比率拉伸工具将一个片段拉长，使播放速度变慢。再利用比率拉伸工具拉伸音频素材，与视频轨道对齐。播放动画，即可看到慢动作效果，如图2-97所示。

图 2-97

课时安排 2课时。

第**3**章

# 过渡特效详解

一部完整的影视作品是由很多个镜头拼接组成的，镜头与镜头之间的切换被称为转场或过渡。Premiere为了满足用户影视作品的制作需求，提供了如淡入淡出、渐黑渐白等多种过渡效果，可以使素材剪辑在影片中出现或消失，使素材影像之间的切换变得平滑流畅。本章将向读者介绍如何为视频片段与片段之间添加切换。

## 要点难点

- 过渡的方式及设置 ★★☆
- 视频过渡特效类型 ★★★
- 视频过渡外挂插件 ★★☆

## 跟我学 制作婚礼Vlog //////////////////////////////

**学习目标** 在制作一些宣传影片时，可以将不同镜头的素材组合在一起，在组合过程中，为视频素材添加一些过渡特效能够使素材之间的衔接变更加融洽、自然。本案例将运用黑场视频素材结合"双侧平推门"效果制作Vlog开场效果，再利用"白场过渡""胶片溶解"等视频过渡特效制作一个婚礼Vlog。

**效果预览**

**案例路径** 云盘\实例文件\第3章\跟我学\制作婚礼Vlog

---

### 1. 新建项目和序列

**步骤 01** 新建项目，在弹出的"新建项目"对话框中设置"名称""位置"等参数，如图3-1所示。

**步骤 02** 新建序列，在弹出的"新建序列"对话框的"设置"选项卡中设置"编辑模式""帧大小""像素长宽比"等参数，如图3-2所示。

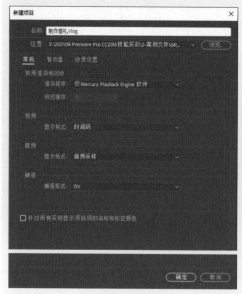 

图 3-1 　　　　　　　　　　　　　　　图 3-2

**2. 导入并编辑素材**

**步骤 01** 在"项目"面板中双击鼠标，打开"导入"对话框，选择所需的视频素材，如图3-3所示。

**步骤 02** 单击"打开"按钮，即可将素材导入到"项目"面板中，如图3-4所示。

图 3-3

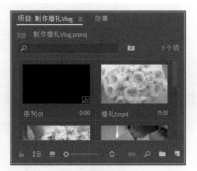

图 3-4

**步骤 03** 在"项目"面板中单击"新建项"按钮，在打开的菜单中选择"黑场视频"选项，即会打开"新建黑场视频"对话框，参数保持默认，如图3-5所示。

**步骤 04** 单击"确定"按钮即可创建一个黑场素材，如图3-6所示。

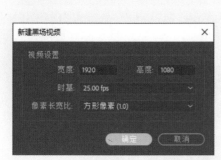

图 3-5

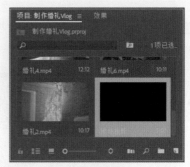

图 3-6

**步骤 05** 将黑场视频素材拖入"时间轴"面板的V1轨道，当前素材时长为5s，如图3-7所示。

图 3-7

**步骤 06** 设置时间指示器位置为00:00:05:00，选择"剃刀工具"，沿时间指示器单击将素材裁开，如图3-8所示。

图 3-8

**步骤 07** 选择并删除后一段素材片段，如图3-9所示。

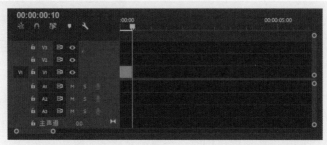

图 3-9

**步骤 08** 依次将"项目"面板中的视频素材拖入到"时间轴"面板的V1轨道中，并按照顺序排列素材，如图3-10所示。

图 3-10

**步骤 09** 设置时间指示器在00:00:10:10位置，如图3-11所示。

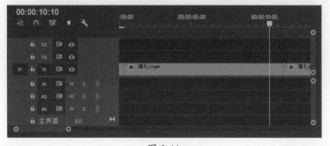

图 3-11

**步骤 10** 选择"波纹编辑工具",拖动编辑素材"婚礼1.mp4"的出点,使视频长度保持在10s,如图3-12所示。

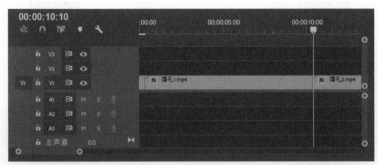

图 3-12

**步骤 11** 按照上述操作方法编辑其他5个视频素材,如图3-13所示。

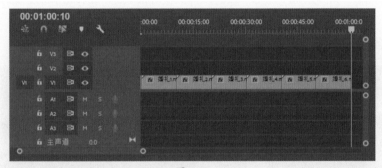

图 3-13

### 3. 添加并编辑过渡特效

**步骤 01** 打开"效果"面板,从"视频过渡"卷展栏中选择"擦除"特效组中的"双侧平推门"效果,如图3-14所示。

**步骤 02** 拖动效果至"婚礼1.mp4"素材上,如图3-15所示。

图 3-14

图 3-15

**步骤 03** 按空格键即可快速预览视频开场的效果，如图3-16所示。

图 3-16

**步骤 04** 从"视频过渡"卷展栏选择"溶解"特效组中的"白场过渡"效果，如图3-17所示。

**步骤 05** 拖动效果至"婚礼2.mp4"素材上，如图3-18所示。

图 3-17

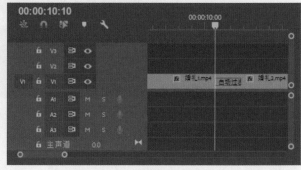

图 3-18

**步骤 06** 选择"白场过渡"特效图标，打开"特效控件"面板，设置"持续时间"为00:00:02:00，如图3-19所示。

**步骤 07** 按空格键即可快速预览视频过渡的效果，如图3-20所示。

图 3-19

图 3-20

**步骤 08** 从"视频过渡"卷展栏选择"溶解"特效组中的"胶片溶解"效果，如图3-21所示。

**步骤 09** 拖动效果至"婚礼3.mp4"素材上，如图3-22所示。

图 3-21

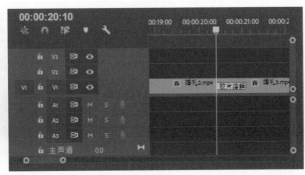
图 3-22

**步骤 10** 选择"胶片溶解"特效图标，打开"特效控件"面板，设置"持续时间"为00:00:02:00，如图3-23所示。

**步骤 11** 按空格键即可快速预览视频过渡的效果，如图3-24所示。

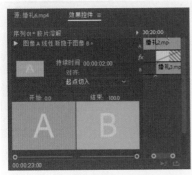
图 3-23

图 3-24

**步骤 12** 再次选择"白场过渡"特效并添加至"婚礼3.mp4"素材上，如图3-25所示。

**步骤 13** 在"效果控件"面板中设置该特效的"持续时间"，如图3-26所示。

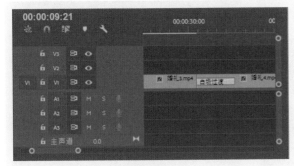
图 3-25

图 3-26

**步骤 14** 按空格键即可快速预览视频过渡的效果，如图3-27所示。

**步骤 15** 从"擦除"特效组中选择"百叶窗"特效并添加至"婚礼5.mp4"素材上，如图3-28所示。

图 3-27　　　　　　　　　　　　　　　　图 3-28

**步骤 16** 选择特效图标，在"效果控件"面板中单击"自定义"按钮，打开"百叶窗设置"对话框，设置"带数量"为15，如图3-29所示。

**步骤 17** 关闭对话框，按空格键即可快速预览视频过渡的效果，如图3-30所示。

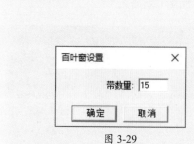

图 3-29　　　　　　　　　　　　　　　　图 3-30

**步骤 18** 从"溶解"特效组中选择"黑场过渡"特效并添加至"婚礼6.mp4"素材上，如图3-31所示。

**步骤 19** 在"效果控件"面板中设置该特效的"持续时间"，如图3-32所示。

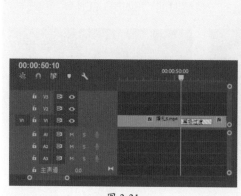

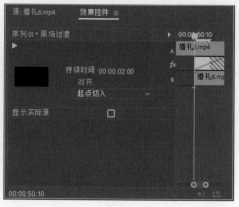

图 3-31　　　　　　　　　　　　　　　　图 3-32

**4. 预览效果并导出视频**

**步骤 01** 按空格键可快速预览视频过渡的效果，如图3-33所示。

图 3-33

**步骤 02** 完成上述操作后，执行"文件"|"保存"命令，即可保存项目文件。

**步骤 03** 按Ctrl+M组合键，在弹出的"导出设置"对话框中设置"输出名称"，其余参数保持默认，如图3-34所示。

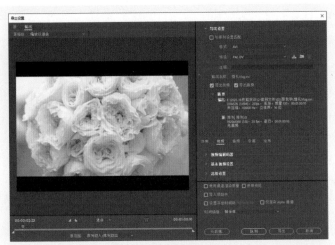

图 3-34

**步骤 04** 单击"确定"按钮，即可对当前项目进行输出，如图3-35所示。

图 3-35

听我讲 Listen to me

## 3.1 认识过渡

视频过渡是指两个场景(即两段素材)之间，采用一定的技巧（如划像、叠变、卷页等）来实现场景或情节之间的平滑切换，以丰富画面吸引观众的视线。

### 3.1.1 过渡的方式

对于初学Premiere的用户来说，合理地为素材添加一些视频过渡特效，能够使原本不衔接、跨越感较强的两段或者多段素材在切换时能够更加平滑、顺畅，不仅能使编辑的画面更加流畅、美观，还能提高用户编辑影片的效率。较为常用的几种视频转场效果如下。

**1. 镜头切换**

镜头切换是一种无技巧剪接，是指前一个镜头的画面结束后，紧接着出现后一个镜头的画面。对于前一个镜头来说，其镜头切换叫做"切出"；而对于后一个镜头来说就叫做"切入"。这种转场没有任何技巧，只是简单地变换画面，常用于进行简单的叙述。对于新手来说，可以先练习镜头切换，这样能够更加熟练地编辑素材。

**2. 淡入淡出**

淡入淡出也被称为溶入溶出或渐隐渐显，就是一段视频剪辑结束时由亮变暗，再由暗变亮，主要用于分割视频片段，体现场景的悠长深邃，常用于表现场景的转移以及不同的情绪和节奏。

**3. 圈入圈出**

圈入圈出是指前一个镜头从画面中逐渐由大变小，而后一个镜头从画面中由小变大。前者起到插叙的作用，后者多用于特写。

**4. 翻入翻出**

翻入翻出是指在一个镜头的画面结束时，将其后面的画面翻转，从而衔接到后一个镜头。这种转场方式表现性较强，常用在广告片、MV或者晚会节目中。

### 3.1.2 过渡特效的设置

为素材添加过渡特效后，在"效果控件"面板中可以设置该视频过渡特效的参数，如图3-36所示。

图 3-36

### **1.** "播放过渡"按钮

在"效果控件"面板中单击"播放过渡"按钮▶后，将会在下方的"预算和方向"区显示视频过渡效果，该按钮右侧是关于所选过渡特效的描述。

### **2.** "预算和方向"区

"预算和方向"区主要用于演示视频过渡效果，单击其周围的三角按钮可以改变视频过渡效果的方向。下面将以"百叶窗"视频过渡特效为例，介绍视频过渡特效方向的控制方法。

**步骤01** 在"效果"面板中选择"擦除"特效组，将"百叶窗"视频过渡特效添加到两个素材相接处，如图3-37所示。

**步骤02** 选中素材上的"百叶窗"视频过渡特效，切换到"效果控件"面板，如图3-38所示。

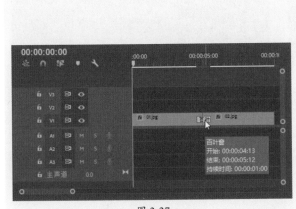

图 3-37

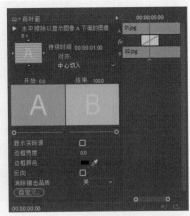

图 3-38

**步骤 03** 单击"播放过渡"下方的灰色三角形，选中"自西向东"的过渡方式，如图3-39所示。

**步骤 04** 完成上述操作之后，按回车键即可观看视频过渡效果，如图3-40所示。

图 3-39

图 3-40

从上面可以看到，"百叶窗"视频过渡特效的开始位置是可以调整的，并且视频过渡特效只能以一个点为开始位置，无法以多个点为开始位置。

### 3. 持续时间

在"效果控件"面板中，用户可以通过设置"持续时间"参数，控制整个视频过渡特效的持续时间。该参数值越大视频过渡特效所持续的时间也就越长；参数值越小，视频过渡特效所持续的时间也就越短。在"效果控件"面板中设置"持续时间"参数，如图3-41所示，画面效果如图3-42所示。

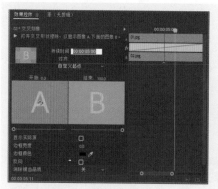
图 3-41

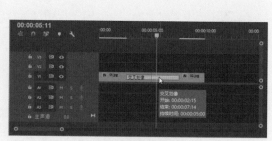
图 3-42

**知识链接**　　在"时间轴"面板中双击特效图标，会打开"设置过渡持续时间"对话框，这里用户同样可以设置新的持续时间，如图3-43所示。

图 3-43

**4. 对齐**

在"效果控件"面板中,"对齐"参
数用于控制视频过渡特效的切割对齐方
式,包括"中心切入""起点切入""终点
切入"及"自定义起点"4种,如图3-44
所示。

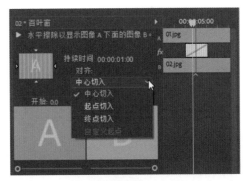

图 3-44

（1）中心切入

当将视频过渡特效插入两素材中心位
置时,视频过渡特效将以"中心切入"对
齐方式为默认参数。选择"中心切入"对
齐方式,视频过渡特效位于两素材之间的中心位置,视频过渡特效所占用的两素材均
等,视频过渡特效位置如图3-45所示。

（2）起点切入

当用户将视频过渡特效添加到某素材的开始端时,在"效果控件"面板的"对
齐"选项中选择显示视频过渡特效对齐方式为"起点切入",视频过渡特效位置如图3-46
所示。

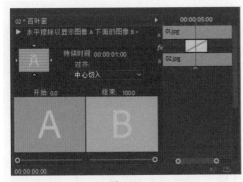

图 3-45

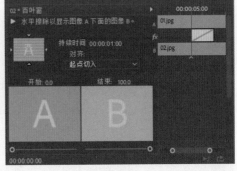

图 3-46

（3）终点切入

当用户将视频过渡特效添加于素材的结束位置时,在"效果控件"面板的"对齐"
选项中选择显示视频过渡特效对齐方式为"终点切入",视频过渡特效位置如图3-47
所示。

（4）自定义起点

除了前面所介绍的"中心切入""起点切入"、"终点切入"对齐方式,用户还可以
自定义视频过渡特效的对齐方式。在"效果控件"面板中,选择添加的视频过渡特效并
进行拖动,在调整对齐位置之后,系统将自动将视频过渡特效的对齐方式切换为"自定
义起点",如图3-48所示。

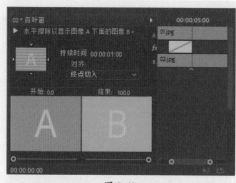
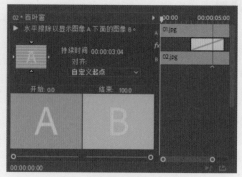

图 3-47　　　　　　　　　　　　　　　　　　　　图 3-48

## 5. 显示实际源

在"效果控件"面板中，有两个特效预览区域A和B，用于分别显示应用于素材A和素材B上的过渡效果。为了能更好地根据素材效果来设置视频过渡特效的参数，可以在这两个预览区中显示素材的源效果。

"显示实际源"参数用于在视频过渡特效预览区域中显示出实际的素材效果，默认状态为不启用，勾选该参数后的复选框，在视频过渡特效预览区中显示出素材的实际效果，如图3-49所示。拖动预览区下方的滑块，可以预览素材的过渡效果，如图3-50所示。

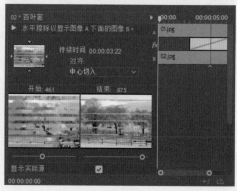

图 3-49　　　　　　　　　　　　　　　　　　　　图 3-50

## 6. 特效的开始和结束

在视频过渡特效预览区上部，有两个控制视频过渡特效开始、结束的控件，即"开始""结束"。

### （1）开始

"开始"参数用于控制视频过渡特效开始的位置时，默认参数为0，表示视频过渡特效将从整个视频过渡过程的开始位置开始视频过渡；若将该参数值设置为20，如图3-51所示，表示视频过渡特效以整个视频过渡特效的20%位置开始视频过渡，效果如图3-52所示。

图 3-51

图 3-52

（2）结束

"结束"参数用于控制视频过渡特效结束的位置时，默认参数为100，表示在视频过渡特效的结束位置，完成所有的视频过渡过程；若用户将该参数值设置为90，如图3-53所示，表示视频过渡特效结束时，视频过渡特效只是完成了整个视频过渡的90%，效果如图3-54所示。

图 3-53

图 3-54

### 7. 边框宽度和边框颜色

部分视频过渡特效在视频过渡的过程中会产生一定的边框效果，而在"效果控件"面板中就有用于控制这些边框效果宽度、颜色的参数，如"边框宽度"和"边框颜色"。

（1）边框宽度

"边框宽度"参数用于控制视频过渡特效在视频过渡过程中形成的边框的宽窄。该参数值越大，边框宽度也就越大；该参数值越小，边框宽度也就越小；默认参数值为0。不同参数下，视频过渡特效的边框效果也不同，如图3-55、图3-56所示为边框宽度分别为10和30时的过渡效果。

图 3-55 图 3-56

### （2）边框颜色

"边框颜色"参数用于控制边框的颜色。单击"边框颜色"参数后的色块，可以在弹出的"拾色器"对话框中设置边框颜色；也可以利用吸管工具，在视图中直接吸取画面中的颜色作为边框颜色。边框颜色显示的前提是"边框宽度"不为0，如图3-57、图3-58所示为设置了"边框宽度"和"边框颜色"后的过渡效果。

图 3-57 图 3-58

### 8. 反向

在为素材添加视频过渡特效之后，视频过渡特效按照定义的规律进行视频过渡，例如"时钟式擦除"过渡特效是按照顺时针方向进行视频过渡。在"效果控件"面板中勾选"反向"复选框后，视频过渡会按照相反的方向进行，画面效果如图3-59、图3-60所示。

图 3-59 图 3-60

**9. 消除锯齿品质**

该参数用于设置过渡效果中两个素材相交边缘的抗锯齿效果，包括"低""中""高"3种品质，品质越高视频过渡越平滑。

## 3.1.3　编辑过渡特效

使用Premiere Pro可以为素材添加过渡特效，还可以对特效进行替换、删除等操作。

**1. 添加过渡特效**

添加视频过渡特效的方法比较简单，只需在"效果"面板中选择需要添加的过渡特效，按住并拖曳至"时间轴"面板中需要过渡的两个素材之间的位置，释放鼠标即可完成特效的添加。特效添加完毕后，在两个素材之间会显示过渡特效类型，如图3-61、图3-62所示。

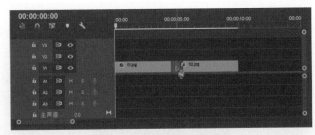

图 3-61

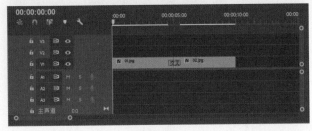

图 3-62

**2. 替换过渡特效**

如果想将已添加的过渡特效更换成其他特效，可以直接从"效果"面板中拖曳新特效至"时间轴"面板的过渡图标上，新的特效会自动覆盖原本的特效。

**3. 删除过渡特效**

对于已添加的特效，如果觉得不合适可以将其删除。用户可以通过以下方法删除特效。

- 在"时间轴"面板选中素材之间的过渡图标，单击鼠标右键，在弹出的菜单中选择"删除"命令，如图3-63所示。
- 在"时间轴"面板选中素材之间的过渡图标，直接按Delete键删除。

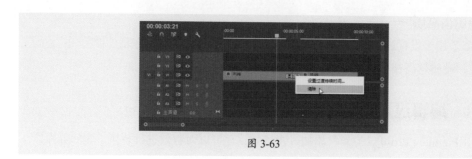

图 3-63

## 3.2 视频过渡特效

作为一款非常优秀的视频编辑软件，Premiere Pro内置了许多视频过渡特效供用户选用。巧妙运用这些视频过渡特效，可以为制作出的影片增色不少。下面将对系统内置的各种视频过渡特效进行简要介绍。

Premiere Pro的视频过渡特效主要位于"效果"面板的"视频过渡"卷展栏中，包括"3D运动""划像""擦除""沉浸式视频""溶解""滑动""缩放""页面剥落"共8个特效组，如图3-64所示。除此之外，还有一些位于"视频效果"卷展栏的"过渡"特效组中。

图 3-64

### 3.2.1 3D运动

"3D运动"特效组的过渡效果主要体现在镜头之间的层次变化，使观众有一种从二维到三维的立体视觉效果。该效果组中包括了"立方体旋转""翻转"共两种视频过渡特效，下面将对这两种过渡特效进行介绍。

（1）立方体旋转

"立方体旋转"过渡特效可以将素材在过渡中制作出空间立方体的效果，素材A与素材B就像是一个立方体的两个不同的面。在"效果"面板中选择该特效并将其添加至素材之间，在"时间轴"面板中单击特效，即可在"效果控件"面板中设置过渡参数。播放动画，效果如图3-65、图3-66所示。

图 3-65

图 3-66

（2）翻转

应用"翻转"过渡特效后，素材A与素材B将会作为同一平面的正反面，以中心为垂直轴线，通过反转平面使背面的素材替代前面的素材。在"效果"面板中选择该特效并将其添加至素材之间，在"时间轴"面板中单击特效，即可在"效果控件"面板中设置过渡参数。播放动画，效果如图3-67、图3-68所示。

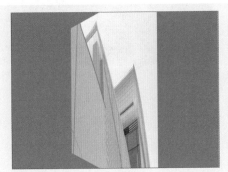

图 3-67

图 3-68

知识链接　　　　　　添加"翻转"过渡特效后，在"效果控件"面板中单击"自定义"按钮，会打开"翻转设置"对话框，用户可以设置"带"数量和"填充颜色"，如图3-69所示。设置参数后，再播放动画，视频过渡效果如图3-70所示。

图 3-69

图 3-70

## 3.2.2 划像

"划像"特效组中的特效是通过分割画面来完成场景转换的，该组包含了"交叉划像""圆划像""盒形划像""菱形划像"共4种过渡特效，特效的名称代表了各自划像的形状。下面将对这些特效进行介绍。

**（1）交叉划像（默认）**

"交叉划像"过渡特效会使素材B以一个十字形出现且图形愈来愈大，以至于将素材A完全划开。在"效果"面板中选择该特效并将其添加至素材之间，在"时间轴"面板中单击特效，即可在"效果控件"面板中设置过渡参数。播放动画，效果如图3-71、图3-72所示。

图 3-71                               图 3-72

**（2）圆划像**

"圆划像"过渡特效会使素材B呈圆形在素材A上展开并逐渐覆盖整个素材A。在"效果"面板中选择该特效并将其添加至素材之间，在"时间轴"面板中单击特效，即可在"效果控件"面板中设置过渡参数。播放动画，效果如图3-73、图3-74所示。

图 3-73                               图 3-74

**（3）盒形划像**

"盒形划像"过渡特效会使素材B以盒子形状从图像的中心划开，盒子形状逐渐增大，直至充满整个画面并全部覆盖住素材A。在"效果"面板中选择该特效并将其添加至素材之间，在"时间轴"面板中单击特效，即可在"效果控件"面板中设置过渡参数。播放动画，效果如图3-75、图3-76所示。

图 3-75

图 3-76

（4）菱形划像

"菱形划像"过渡特效会使素材B以菱形图像形式在素材A的某个位置出现并且菱形的形状逐渐展开，直至覆盖素材A。在"效果"面板中选择该特效并将其添加至素材之间，在"时间轴"面板中单击特效，即可在"效果控件"面板中设置过渡参数。播放动画，效果如图3-77、图3-78所示。

图 3-77

图 3-78

## 3.2.3　擦除

"擦除"特效组的过渡特效主要是通过在不同位置以多种形式擦除前面素材的画面来显示后面素材的画面，从而完成场景的转换。该组包含了"划出""双侧平推门""带状擦除""径向擦除""插入""时钟式擦除"等17种过渡特效。下面将对这些特效进行介绍。

（1）划出

"划出"过渡特效会从屏幕一侧向另一侧对素材A进行擦除，并显示出后面素材B。在"效果"面板中选择该特效并将其添加至素材之间，在"时间轴"面板中单击特效，即可在"效果控件"面板中设置过渡参数。播放动画，效果如图3-79、图3-80所示。

图 3-79

图 3-80

**（2）双侧平推门**

　　"双侧平推门"过渡特效会使素材A如同两扇门被拉开，逐渐擦除露出后面的素材B。在"效果"面板中选择该特效并将其添加至素材之间，在"时间轴"面板中单击特效，即可在"效果控件"面板中设置过渡参数。播放动画，效果如图3-81、图3-82所示。

图 3-81

图 3-82

**（3）带状擦除**

　　"带状擦除"过渡特效会使素材B呈交叉带状从画面的两边插入，最终组成完整的图像并将素材A擦除。在"效果"面板中选择该特效并将其添加至素材之间，在"时间轴"面板中单击特效，即可在"效果控件"面板中设置过渡参数。播放动画，效果如图3-83、图3-84所示。

图 3-83

图 3-84

（4）径向擦除

"径向擦除"过渡特效会使素材B以画面的某一角为圆心，以射线扫描的状态顺时针将素材A擦除。在"效果"面板中选择该特效并将其添加至素材之间，在"时间轴"面板中单击特效，即可在"效果控件"面板中设置过渡参数。播放动画，效果如图3-85、图3-86所示。

图 3-85                                    图 3-86

（5）插入

"插入"过渡特效会使素材B从素材A的一角插入并逐渐放大，最终完全将素材A擦除。在"效果"面板中选择该特效并将其添加至素材之间，在"时间轴"面板中单击特效，即可在"效果控件"面板中设置过渡参数。播放动画，效果如图3-87、图3-88所示。

图 3-87                                    图 3-88

（6）时钟式擦除

"时钟式擦除"过渡特效会以屏幕中心为原点，顺时针擦除素材A，显示出后面的素材B。在"效果"面板中选择该特效并将其添加至素材之间，在"时间轴"面板中单击特效，即可在"效果控件"面板中设置过渡参数。播放动画，效果如图3-89、图3-90所示。

图 3-89                                    图 3-90

（7）棋盘

应用"棋盘"过渡特效后，素材A会被分割为若干大小相同的方格，间隔消除方格最终显示出素材B。在"效果"面板中选择该特效并将其添加至素材之间，在"时间轴"面板中单击特效，即可在"效果控件"面板中设置过渡参数。播放动画，效果如图3-91、图3-92所示。

图 3-91　　　　　　　　　　　　　　　图 3-92

（8）棋盘擦除

"棋盘擦除"过渡特效会使素材B呈多个板块在素材A上出现，并逐渐延伸，最终组合成完整的图像将素材A覆盖。在"效果"面板中选择该特效并将其添加至素材之间，在"时间轴"面板中单击特效，即可在"效果控件"面板中设置过渡参数。播放动画，效果如图3-93、图3-94所示。

图 3-93　　　　　　　　　　　　　　　图 3-94

（9）楔形擦除

应用"楔形擦除"过渡特效后，将会以屏幕中心为圆点，按照楔形旋转擦除素材A，以显示出素材B。在"效果"面板中选择该特效并将其添加至素材之间，在"时间轴"面板中单击特效，即可在"效果控件"面板中设置过渡参数。播放动画，效果如图3-95、图3-96所示。

图 3-95          图 3-96

### （10）水波块

应用"水波块"过渡特效后，会将素材A分割为若干方块，按照左右来回、由上到下的顺序逐渐擦除，显示出后面的素材B。在"效果"面板中选择该特效并将其添加至素材之间，在"时间轴"面板中单击特效，即可在"效果控件"面板中设置过渡参数。播放动画，效果如图3-97、图3-98所示。

图 3-97          图 3-98

### （11）油漆飞溅

应用"油漆飞溅"过渡特效后，素材B会以泼溅墨点方式出现在素材A上，墨点愈来愈多，最终将素材A覆盖。在"效果"面板中选择该特效并将其添加至素材之间，在"时间轴"面板中单击特效，即可在"效果控件"面板中设置过渡参数。播放动画，效果如图3-99、图3-100所示。

图 3-99          图 3-100

**知识链接**　　　　"油漆飞溅"过渡特效具有强烈的艺术感，适合于一些高雅艺术素材之间的视频过渡切换。鉴于该视频过渡特效对素材艺术氛围要求较高，因此用户在使用该视频过渡特效时，要注意素材是否适合使用该视频过渡特效。

### （12）渐变擦除

应用"渐变擦除"过渡特效后，将会以素材A的灰度值作为渐变依据，按照由黑到白的灰度值将素材A擦除，显示出底部的素材B。在"效果"面板中选择该特效并将其添加至素材之间，在"时间轴"面板中单击特效，即可在"效果控件"面板中设置过渡参数。播放动画，效果如图3-101、图3-102所示。

图 3-101　　　　　　　　　　　　　　　　图 3-102

### （13）百叶窗

应用"百叶窗"过渡特效后，会将素材B分割为若干贯穿屏幕左右的矩形，模拟百叶窗的效果，逐渐覆盖素材A的画面。在"效果"面板中选择该特效并将其添加至素材之间，在"时间轴"面板中单击特效，即可在"效果控件"面板中设置过渡参数。播放动画，效果如图3-103、图3-104所示。

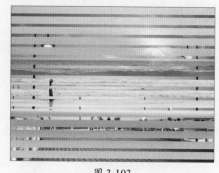

图 3-103　　　　　　　　　　　　　　　　图 3-104

### （14）螺旋框

应用"螺旋框"过渡特效后，会将素材A分割为若干块，然后按照螺旋形进行擦除，最终显示出素材A。在"效果"面板中选择该特效并将其添加至素材之间，在"时间轴"面板中单击特效,即可在"效果控件"面板中设置过渡参数。播放动画,效果如图3-105、图3-106所示。

图 3-105

图 3-106

（15）随机块/随机擦除

"随机块"和"随机擦除"过渡效果都是将素材B的画面分割成若干块,然后随机出现逐渐覆盖素材A。不同的是"随机块"过渡效果中的块没有方向限制,而"随机擦除"过渡效果是由上向下进行覆盖。两种过渡效果如图3-107、图3-108所示。

图 3-107

图 3-108

（16）风车

应用"风车"过渡特效后,素材B以风车转动方式出现,旋转的风车扇叶逐渐变大直至完全覆盖素材A。在"效果"面板中选择该特效并将其添加至素材之间,在"时间轴"面板中单击特效,即可在"效果控件"面板中设置过渡参数。播放动画,效果如图3-109、图3-110所示。

图 3-109

图 3-110

### 3.2.4 溶解

"溶解"特效组主要是以淡入淡出的方式完成过渡，使前面的素材片段柔和地过渡到后面的素材。该类特效包括了"MorphCut""交叉溶解""叠加溶解""白场过渡""胶片溶解""非叠加溶解""黑场过渡"共7种视频过渡特效，下面将对这些特效进行介绍。

（1）MorphCut

应用MorphCut过渡特效后，系统会对统一轨道中前后两个素材进行分析，然后自动生成过渡画面，常用于解决视频的跳帧情况。

（2）交叉溶解

Premiere Pro CC默认使用"交叉溶解"过渡特效作为默认的过渡效果，将时间指示器移动至两个素材片段连接处，执行"序列"|"应用视频过渡"命令，或者按Ctrl+D组合键，即可自动添加"交叉溶解"过渡特效。

应用"交叉溶解"过渡特效后，在过渡过程中，素材A的不透明度逐渐降低直至完全透明，素材B则在素材A逐渐透明过程中慢慢显示出来。在"效果"面板中选择该特效并将其添加至素材之间，在"时间轴"面板中单击特效，即可在"效果控件"面板中设置过渡参数。播放动画，效果如图3-111、图3-112所示。

图 3-111 　　　　　　　　　　　　　　　　　　图 3-112

知识链接　　　"交叉溶解"特效为默认的过渡特效，如果用户想要设置其他的特效为默认特效，可以在"效果"面板中选择特效，单击鼠标右键，在弹出的快捷菜单中选择"将所选过渡设置为默认过渡"命令，如图3-113所示。

图 3-113

（3）叠加溶解

应用"叠加溶解"过渡特效后，素材A和素材B之间在淡入淡出的同时，会为屏幕附加一种过渡曝光的效果。在"效果"面板中选择该特效并将其添加至素材之间，在"时间轴"面板中单击特效，即可在"效果控件"面板中设置过渡参数。播放动画，效果如图3-114、图3-115所示。

图 3-114

图 3-115

（4）白场过渡/黑场过渡

应用"白场过渡"特效后，前面素材A会逐渐过渡为白色，再由白色逐渐过渡为素材B，如图3-116所示；应用"黑场过渡"特效，则与"白场过渡"特效相反，如图3-117所示。

图 3-116

图 3-117

（5）胶片溶解

应用"胶片溶解"过渡特效后，素材A逐渐变色为胶片反色效果并逐渐消失，同时素材B也由胶片反色效果逐渐显现并恢复正常色彩。该特效的过渡效果与"交叉溶解"过渡特效类似。

（6）非叠加溶解

应用"非叠加溶解"过渡特效后，素材B画面的明亮度会映射在素材A画面中，交替的部分呈不规则形状，过渡前后效果如图3-118、图3-119所示。

图 3-118

图 3-119

## 3.2.5 滑动

"滑动"特效组主要是通过画面的平移来完成场景的转换，该组包含了"中心拆分""带状滑动""拆分""推""滑动"共5种过渡特效，下面对这些特效进行介绍：

（1）中心拆分

应用"中心拆分"过渡特效后，会将素材A从屏幕中心平均分为4部分，并逐渐向4个角移动，最终显示出素材B。在"效果"面板中选择该特效并将其添加至素材之间，在"时间轴"面板中单击特效，即可在"效果控件"面板中设置过渡参数。播放动画，效果如图3-120、图3-121所示。

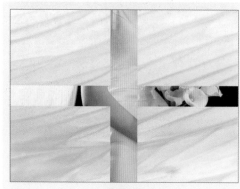

图 3-120

图 3-121

（2）带状滑动

应用"带状滑动"过渡特效后，素材B以分散的带状从画面的两边向中心靠拢，合并成完整的图像并将素材A遮盖。该特效与"带状擦除"特效的效果相似。

（3）拆分

应用"拆分"过渡特效后，素材A会分为左右两部分，并分别向两侧分裂，显现出素材B。在"效果"面板中选择该特效并将其添加至素材之间，在"时间轴"面板中单击特效，即可在"效果控件"面板中设置过渡参数。播放动画，效果如图3-122、图3-123所示。

图 3-122

图 3-123

**（4）推 / 滑动**

应用"推"过渡特效后，素材B从屏幕一侧进入，素材A随之退出。在"效果"面板中选择该特效并将其添加至素材之间，在"时间轴"面板中单击特效，即可在"效果控件"面板中设置过渡参数。播放动画，效果如图3-124、图3-125所示。"滑动"过渡特效与"推"的效果相似，只是素材B进入时，素材A的位置不变。

图 3-124

图 3-125

**知识链接**　　　　"推"视频过渡特效与"滑动"视频过渡特效的区别是：在"推"视频过渡特效中，素材A会因为素材B的推动而变形；而在"滑动"视频过渡特效中，素材A不受素材B的影响，素材B以整体滑动方式，覆盖素材A。

## 3.2.6　缩放

"缩放"组视频过渡特效主要是通过将图像缩放以完成场景的转换，该组仅包含"交叉缩放"一种过渡特效，下面将对该特效进行介绍。

在"交叉缩放"视频过渡特效中，素材A被逐渐放大直至撑出画面，素材B以素材A最大的尺寸比例逐渐缩小进入画面，最终在画面中缩放成原始比例大小。

## 3.2.7 页面剥落

"页面剥落"组视频过渡特效主要是使素材A以各种卷页的动作形式消失，最终显示出素材B。该组包含了"翻页""页面剥落"共两种过渡特效，下面将对这两种特效进行介绍。

（1）翻页

应用"翻页"过渡特效后，素材A会像翻开书页一样，被从屏幕一角逐渐揭开，露出后面的素材B。在"效果"面板中选择该特效并将其添加至素材之间，在"时间轴"面板中单击特效，即可在"效果控件"面板中设置过渡参数。播放动画，效果如图3-126、图3-127所示。

图 3-126

图 3-127

（2）页面剥落

"页面剥落"过渡特效类似于"翻页"的效果，且素材A的背面换成了不透明的渐变色。在"效果"面板中选择该特效并将其添加至素材之间，在"时间轴"面板中单击特效，即可在"效果控件"面板中设置过渡参数。播放动画，效果如图3-128、图3-129所示。

图 3-128

图 3-129

## 3.2.8 过渡

"视频效果"卷展栏中的"过渡"特效组主要用于制作三维立体效果和空间效果，组中包括"块溶解""径向擦除""渐变擦除""百叶窗""线性擦除"共5种视频特效。下面将对这几过渡效果进行介绍。

- **块溶解：**可以使素材消失在随机像素块中。
- **径向擦除：**可以利用圆形板擦除素材，而显示其下面的素材。
- **渐变擦除：**可以基于亮度值将素材与另一素材上的特效进行混合。
- **百叶窗：**可以擦除应用该特效的素材，并以条纹的形式显示其下面的素材。
- **线性擦除：**可以擦除使用该特效素材，以便看到下方的素材。

与"视频过渡"卷展栏中的"过渡"特效表现相似，但其剪辑方式不同，下面以"百叶窗"特效为例，介绍"视频效果"卷展栏中过渡效果的应用方法。

**步骤 01** 新建项目，导入素材，将两个素材分别拖入"时间轴"面板的V1和V2轨道，如图3-130所示。

**步骤 02** 在"效果"面板中搜索"百叶窗"，选择"视频效果"卷展栏下的"百叶窗"效果，如图3-131所示。

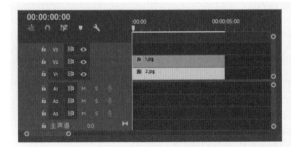

图 3-130

图 3-131

**步骤 03** 将"百叶窗"效果拖曳至V2轨道的素材上，打开"效果控件"面板，设置"百叶窗"特效的"宽度""羽化"参数，然后将时间指示器移动至素材入点，单击"过渡完成"属性左侧的"切换动画"按钮添加关键帧，保持参数为0%，如图3-132所示。

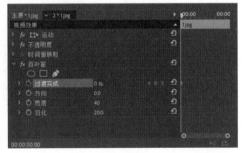

图 3-132

**步骤 04** 再移动时间指示器至素材出点，设置"过渡完成"参数为100%，如图3-133所示。

**步骤 05** 按回车键渲染视频，即可在"节目"监视器面板中看到过渡效果，如图3-134所示。

图 3-133

图 3-134

# 3.3 视频过渡外挂插件

　　Premiere Pro除了可以使用自带的各种过渡特效外，还支持许多由第三方提供的过渡特效外挂插件，这些插件大大地丰富了Premiere Pro的视频制作效果。Cycore FX是著名的FinalEffects插件，其速度、效果和易用性都很好，特别是粒子系统和过渡、变形、光效等，本节将介绍Cycore FX的过渡特效插件。

## 1. 认识 Cycore FX

　　第三方提供的插件一般情况下包含视频特效插件和视频过渡特效插件。Cycore FX插件安装完成后，视频过渡特效会显示在"效果"面板"视频效果"卷展栏的"Transition（转换）"特效组中，如图3-135所示。

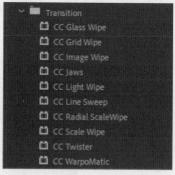

图 3-135

## 2. 素材放置方式

　　在使用Cycore FX插件的过渡特效前，需要了解素材的放置方式，该过渡插件与使用Premiere默认视频过渡特效时素材的放置方式不同。

　　使用Premiere自带的视频过渡特效时，只需将视频过渡特效添加到两素材的连接处，如图3-136所示。而使用Cycore FX插件的过渡特效时，则需要将素材放置到两个不同轨道中，并且两素材要有一定的重叠，如图3-137所示。

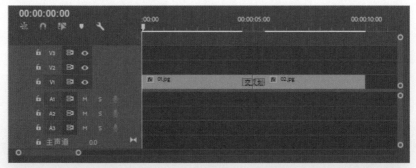

图 3-136

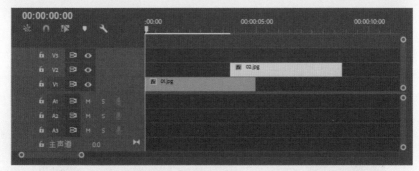

图 3-137

**3. 实现视频过渡效果的方式**

　　使用Cycore FX插件的过渡特效时，需要将视频过渡特效添加到高轨道的素材上，之后进入该视频特效的"效果控件"面板，通过为视频过渡特效参数添加动画关键帧（如图3-138所示），即可实现视频过渡特效的变化效果（如图3-139所示）。

图 3-138

图 3-139

# 自己练/制作汽车宣传视频

案例路径 云盘\实例文件\第3章\自己练\制作汽车宣传视频

项目背景 在使用Premiere Pro进行视频剪辑制作时，可以利用过渡特效将一些视频片段很好地衔接起来，制作成完整的视频。可根据视频素材的色调或亮度来选择合适的过渡特效。这里利用"黑场过渡"特效制作一个简单的汽车宣传视频。

项目要求 ①选择几个关于汽车的视频片段。

②汽车颜色要统一。

③项目尺寸为1920×1080。

项目分析 利用"黑场过渡"特效制作开场效果和片段的过渡效果，再结合"黑场视频"素材制作视频结尾，如图3-140所示。

图 3-140

课时安排 2课时。

Premiere Pro

第 **4** 章

# 视频特效详解

## 本章概述

　　Premiere Pro在影视节目编辑方面的一大重点和特色就是视频特效，其可以应用在图像、视频、字幕等对象上，通过设置参数及创建关键帧动画等操作，就可以形成丰富的视觉变化效果。本章将介绍如何在影片上应用视频效果。

## 要点难点

- 关键帧的应用 ★★☆
- 视频特效的应用 ★★★
- 插件的使用 ★★☆

# 跟我学 制作信号故障效果

**学习目标** 在一些影视宣传作品中会采用Glitch Art（故障艺术）的表现方式，将数字设备的软硬件故障引起的图形破碎变形进行艺术加工，形成一种独特的视觉，具有强烈的震撼力。本案例将运用"波形变形"等特效制作一个信号故障的视频效果。

**效果预览**

**案例路径** 云盘\实例文件\第4章\跟我学\制作信号故障效果

## 1. 新建项目和序列

**步骤01** 新建项目，在弹出的"新建项目"对话框中设置项目名称和存储位置，如图4-1所示。

**步骤02** 新建序列，在"新建序列"对话框的"设置"选项卡中设置序列参数，如图4-2所示。

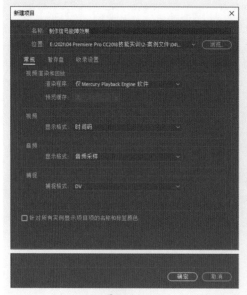

图 4-1

图 4-2

**2. 导入素材**

**步骤 01** 在"项目"面板双击鼠标，会弹出"导入"对话框，选择准备好的素材，如图4-3所示。

**步骤 02** 单击"打开"按钮，即可将素材导入到"项目"面板中，如图4-4所示。

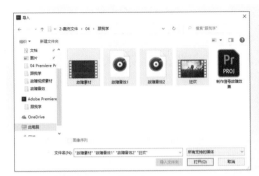

图 4-3                               图 4-4

**3. 编辑视频故障特效**

**步骤 01** 将"项目"面板中的"狂欢.mp4"素材拖到"时间轴"面板的V1轨道，调整时间指示器到00:00:08:00，如图4-5所示。

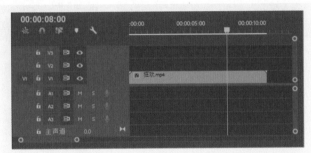

图 4-5

**步骤 02** 单击"比率拉伸工具"，拖动调整素材时长，如图4-6所示。

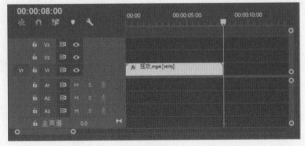

图 4-6

**步骤 03** 调整时间指示器到00:00:04:00，单击"剃刀工具"，沿时间指示器裁切素材，如图4-7所示。

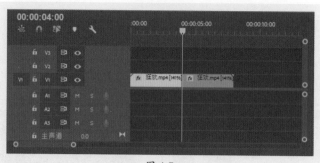

图 4-7

**步骤 04** 将时间指示器向右移动10帧，再调整素材位置，如图4-8所示。

**步骤 05** 从"效果"面板中选择"波形变形"特效，将其添加到V1轨道上的第一个视频片段，在"效果控件"面板中设置特效参数，如图4-9所示。

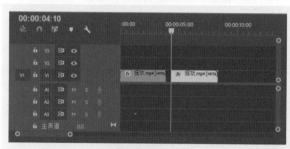

图 4-8

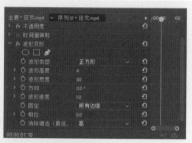

图 4-9

**步骤 06** 按空格键即可在"节目"监视器面板中观看特效效果，如图4-10所示。

图 4-10

**步骤 07** 从"效果"面板中选择"方向模糊"特效添加到V1轨道的后一段素材片段。在"效果控件"面板中设置"方向"参数为90°，"模糊长度"参数为100，并在片段起点为"模糊长度"属性添加关键帧，如图4-11所示。

**步骤 08** 将时间指示器向右移动5帧，继续添加关键帧，并设置参数为0；再将时间指示器向右移动10帧，添加关键帧，参数不变，如图4-12所示。

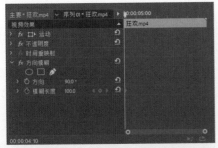
图 4-11

图 4-12

**步骤 09** 再继续创建多个关键帧，如图4-13~图4-16所示。

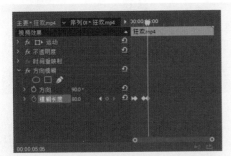
图 4-13

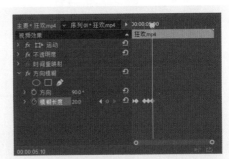
图 4-14

图 4-15

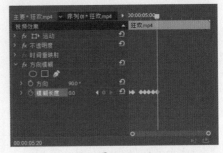
图 4-16

**步骤 10** 选择最后5个关键帧，按Ctrl+C组合键复制关键帧，将时间指示器向后移动10帧，再按Ctrl+V组合键粘贴，如此重复两次操作，如图4-17、图4-18所示。

图 4-17

图 4-18

**4. 编辑文字故障特效**

**步骤01** 单击"文字工具"，在监视器面板中单击创建文字，然后在"基本图形"面板中调整文字的字体、大小、颜色、阴影等参数，接着再调整文字位置，如图4-19、图4-20所示。

图 4-19

图 4-20

**步骤02** 复制视频素材的"波形变形"特效，粘贴到文本素材，在"效果控件"面板中修改参数，如图4-21所示。

**步骤03** 按空格键预览视频效果，如图4-22所示。

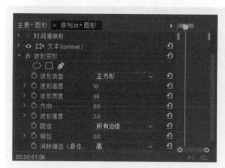

图 4-21

图 4-22

**步骤04** 在"时间轴"面板中调整文本素材的时长，如图4-23所示。

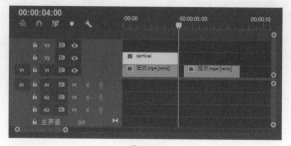

图 4-23

**步骤 05** 移动时间指示器至起点，单击"切换动画"按钮为"方向"属性添加第一个关键帧，接着在00:00:01:20位置再添加一个关键帧，如图4-24所示。

**步骤 06** 移动时间指示器至00:00:02:00，设置"方向"参数为90°，系统会自动创建新的关键帧。再移动时间指示器至00:00:03:20，添加关键帧，如图4-25所示。

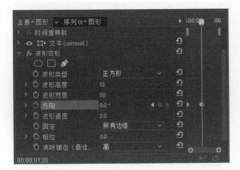

图 4-24

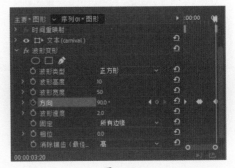

图 4-25

**步骤 07** 移动时间指示器至00:00:04:00，设置"方向"参数为0°，创建新的关键帧，如图4-26所示。

**步骤 08** 按空格键即可预览文字故障变化效果。

**步骤 09** 按住Alt键复制文本素材，对齐到第二个视频片段，如图4-27所示。

图 4-26

图 4-27

## 5. 编辑故障素材

**步骤 01** 在"项目"面板中双击"故障素材"，然后在"源"监视器面板中截取片段，如图4-28所示。

**步骤 02** 将素材片段拖入"时间轴"面板的V3轨道，再单击"比率拉伸工具"，拉伸素材长度，如图4-29所示。

**步骤 03** 在"效果控件"面板中设置素材混合模式为"滤色"，如图4-30所示。

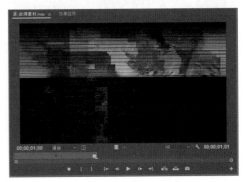

图 4-28

图 4-29                    图 4-30

**步骤 04** 设置后的效果如图4-31所示。

**步骤 05** 保持选择素材，在"效果控件"面板中单击"创建4点多边形蒙版"按钮 ◼，系统会自动在素材上创建一个蒙版，如图4-32所示。

图 4-31                    图 4-32

**步骤 06** 单击角点调整蒙版形状，如图4-33所示。

**步骤 07** 按照上述步骤再创建一个蒙版，如图4-34所示。

图 4-33                    图 4-34

**步骤 08** 将时间指示器移动至起点，在"效果控件"面板中为"位置"属性添加关键帧，如图4-35所示。

**步骤 09** 移动时间指示器，调整"位置"属性的垂直参数，系统会自动创建新的关键帧，照此方法创建多个关键帧，使素材上下游走，如图4-36所示。

图 4-35                        图 4-36

**步骤 10** 在"源"监视器面板中再截取一个长10s的素材片段，如图4-37所示。

图 4-37

**步骤 11** 将素材片段拖入"时间轴"面板V1轨道两个素材之间，如图4-38所示。

图 4-38

## 6. 编辑音频素材

**步骤 01** 从"项目"面板将音频素材"故障音效1.mp3"拖入"时间轴"面板的A1轨道，并利用"比率拉伸工具"调整音频长度，如图4-39所示。

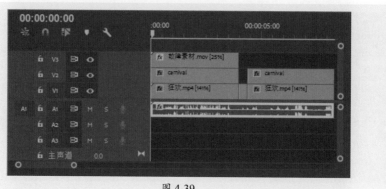

图 4-39

**步骤 02** 将音频素材"故障音效2.mp3"拖入"时间轴"面板的A2轨道，并利用"比率拉伸工具"调整音频长度，如图4-40所示。

图 4-40

**⁊ 预览效果并导出视频**

**步骤 01** 按回车键渲染视频，系统会弹出一个提示框，显示渲染进度，如图4-41所示。

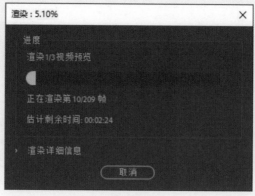

图 4-41

**步骤 02** 渲染完毕后，会在"节目"监视器面板中自动播放制作好的视频效果，如图4-42、图4-43所示。

图 4-42

图 4-43

步骤 03 按Ctrl+M组合键，打开"导出设置"对话框，设置导出视频的名称，如图4-44所示。

步骤 04 单击"导出"按钮即可导出视频文件。

图 4-44

听我讲 ▶ Listen to me

## 4.1 关键帧

帧是动画中最小单位的单幅画面，关键帧的概念就来源于传统的动画制作。在早期制作动画时，设计师会设计动画片中一些关键的画面，将这些画面连续起来从而形成动画片，这些关键画面也就是所谓的关键帧。

### 4.1.1 认识关键帧和特效动画

在Premiere Pro中制作运动效果，离不开关键帧的设置。在制作运动效果之前，首先来了解一下关键帧和特效动画。

**1. 了解关键帧**

任何动画要表现出运动或变化，至少前后要给出两个不同的关键状态。现在的设计者使用电脑制作动画，只需要设置好前后两个关键帧中的画面，电脑会自动生成中间状态的变化和衔接。

**2. 关键帧设置原则**

使用关键帧创建动画时，应遵循以下原则以提高工作效率。

- 在"时间轴"面板中编辑关键帧，适合只具有一维数值参数的属性，如不透明度、音频音量等；"效果控件"面板更适合二维或多维参数的设置，如位置、缩放、旋转等。
- 在"时间轴"面板中可以直观分析数值随时间变换的趋势，关键帧数值的变化可以以图像的形式展现。
- 在"效果控件"面板中可以显示出多个属性的关键帧，但只能显示所选的素材片段；"时间轴"面板可以一次显示多个轨道多个素材的关键帧，但每个轨道仅能显示一种属性。
- "效果控件"面板也可以像"时间轴"面板一样，图像化显示关键帧。
- 音频轨道效果的关键帧可以在"时间轴"面板或"音频混合器"面板中进行调节。

**知识链接** 在"时间轴"面板中添加和编辑关键帧的优点是比较直观，在"效果控件"面板中添加和编辑关键帧的优点是能够更详细、更精确地设置参数，并且可以一次为多个属性添加关键帧。一般来说，除了"不透明度"和"音量"特效外，添加关键帧并设置参数等操作基本都在"效果控件"面板中进行。

**3. 认识特效动画**

在Premiere Pro中，用户可以通过为素材片段添加特效并设置关键帧的方式来制作具有特效变化的动画，主要包括以下几类。

- **"运动"特效**：系统默认的特效类型，包括位置、缩放、旋转等属性。通过为这些属性创建关键帧，如改变素材位置、大小、角度等，制作出动画效果。
- **"不透明度"特效**：同样是系统默认的特效类型，主要用于改变素材的不透明度，可以制作视频的合成效果或渐入渐出的动画效果。
- **视频特效**：视频特效包括视频效果和视频过渡特效，是系统自带的特效，需要添加到素材上才可以使用。
- **音频特效**：音频特效包括音频效果和音频过渡特效，也是系统自带的特效，仅能用于音频素材。

## 4.1.2 "效果控件"面板

Premiere Pro的所有特效参数都需要在"效果控件"面板中进行设置。选择素材后，即可在"效果控件"面板中调整素材效果的参数，默认会显示"运动""不透明度"和"时间重映射"3种效果，用户也可以为素材添加关键帧以制作动画效果，如图4-45所示。

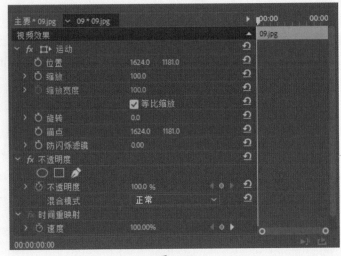

图 4-45

**1. "运动"特效**

"运动"特效是视频素材最基本的属性，可以对素材的位置、大小、旋转角度等进行简单的调整。其下包括"位置""缩放""旋转""锚点""防闪烁滤镜"等多个属性。

- **位置**：该属性控制素材在屏幕中的空间位置。属性数值表示素材中心点的坐标。
- **缩放**：该属性控制素材在屏幕中的画面大小。用户可以修改属性参数或者直接在监视器面板中拖曳素材以缩放大小。

知识链接 　　"缩放"属性默认为等比缩放，素材会等比例进行缩放变化。关闭"等比缩放"
选项后，就会开启"缩放宽度"属性，原"缩放"属性会变为"缩放高度"，用户可以分别
调节素材的高度和宽度，如图4-46所示。

> Ö 缩放高度　　　100.0
> Ö 缩放宽度　　　100.0
　　　　　　　　　　□ 等比缩放

图 4-46

- **旋转**：该属性控制素材以锚点为中心进行角度的旋转。正数为顺时针旋转，负数
  为逆时针旋转。
- **锚点**：该属性控制素材变化的中心点。参数值变化后，会影响素材缩放和旋转的
  中心。
- **防闪烁滤镜**：该属性用于消除视频中的闪烁现象。

知识链接 　　"防闪烁滤镜"控件可以减少甚至消除这种闪烁。随着其强度的增加，将消除更
多的闪烁，但是图像也会变淡。对于具有大量锐利边缘和高对比度的图像，可能需要将其
设置为相对较高的值。

### ❷ "不透明度"特效

　　"不透明度"特效属性组下包括"不透明度"和"混合模式"两个属性。

- **不透明度**：该属性控制素材的透明度。属性值越小，素材就越透明。
- **混合模式**：该属性控制素材与其他素材的混合方式，通过素材之间的相互影
  响，使当前画面产生变化效果。包括"正常""溶解""变暗""相乘""颜色加
  深""线性加深""深色""变亮""绿色""颜色减淡""颜色减淡（添加）""浅
  色""叠加""柔光""强光""亮光""线性光""点光""强混合""差值""排
  除""相减""相除""色相""饱和度""颜色""发光度"共27个模式。

## 4.1.3　创建关键帧

　　在默认情况下，对素材运动参数的修改是整体性的，Premiere不会记录关键帧。运
动效果的制作，是建立在关键帧的基础上，用户可以通过在不同的关键帧上设置不同参
数来制作运动动画。

　　Premiere中创建关键帧的方法有两种，一种是在"效果控件"面板中创建，一种是
在"时间轴"面板中创建。

（1）在"效果控件"面板创建关键帧

在"效果控件"面板中可以为一个素材创建多个属性的关键帧，且能够更加详细地设置参数。下面介绍具体的操作步骤。

**步骤 01** 新建项目，将素材导入"项目"面板，再将其拖入"时间轴"面板的V1轨道，在"节目"监视器面板中可以看到素材效果，如图4-47所示。

图 4-47

**步骤 02** 将时间指示器移动至00:00:04:20，依次单击"位置"和"缩放"属性前的"切换动画"按钮，为两个属性创建关键帧，保持当前属性参数，如图4-48所示。

**步骤 03** 将时间指示器移动至00:00:00:00，单击"添加关键帧"按钮，为"位置"和"缩放"再添加关键帧，并分别设置属性参数，如图4-49所示。

图 4-48

图 4-49

**步骤 04** 在"节目"监视器面板中可以看到当前的效果，如图4-50所示。

图 4-50

**步骤 05** 按回车键渲染视频，并在"节目"监视器面板中预览动画效果。

（2）在"时间轴"面板创建关键帧

用户也可以在"时间轴"面板中创建关键帧，下面介绍具体的操作步骤。

**步骤 01** 新建项目，将素材导入"项目"面板，再将其拖入"时间轴"面板的V1轨道，调整轨道高度，以便于预览素材效果，如图4-51所示。

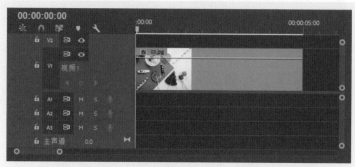

图 4-51

**步骤 02** 右键单击素材片段左上角的 fx 图标，在弹出的菜单中选择"不透明度"|"不透明度"选项，如图4-52所示。

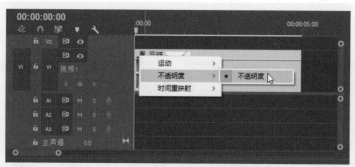

图 4-52

**步骤 03** 保持时间指示器至00:00:00:00，在V1视频轨道中单击"添加关键帧"按钮创建关键帧，如图4-53所示。

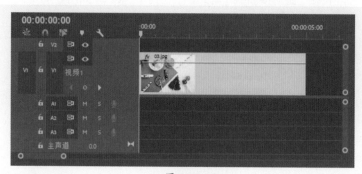

图 4-53

步骤 04 移动时间指示器至00:00:02:10，单击"添加关键帧"按钮，并在轨道中向下拖动关键帧调整"不透明度"为0，如图4-54所示。

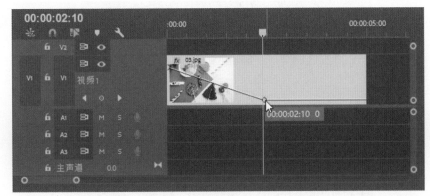

图 4-54

步骤 05 移动时间指示器至00:00:04:20，单击"添加关键帧"按钮，在轨道中拖动关键帧调整"不透明度"为100，如图4-55所示。

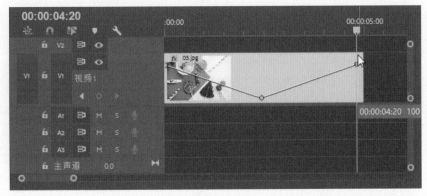

图 4-55

步骤 06 设置完毕后，按回车键渲染视频，并在"节目"监视器面板中预览动画效果。

# 4.2 视频效果的应用

视频效果是Premiere Pro在影视编辑方面的一大特色，可以应用在图像、视频以及字幕等对象上，通过参数设置以及创建关键帧动画等操作，可以得到丰富的视觉变化效果。

作为一款非常出色的视频编辑软件，Premiere Pro为用户提供了大量的内置视频特效，包括"变换""图像控制""实用程序""扭曲""时间""杂色与颗粒""模糊与锐化""沉浸式视频""生成""视频""调整""过时""过渡""透视""通道""键控""颜色校正"以及"风格化"共18个视频特效组，如图4-56所示。

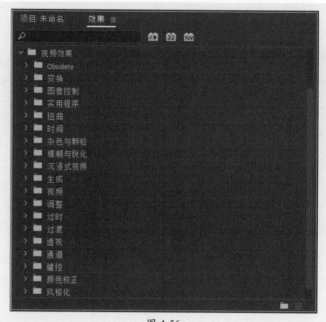

图 4-56

# 4.2.1  变换

"变换"效果组可以使图像产生二维或是三维的效果。该效果组中包括"垂直翻转""水平翻转""羽化边缘"和"裁剪"共4种视频效果。

（1）垂直翻转

"垂直翻转"效果会使画面沿水平中心翻转180°。在"效果"面板中选择该特效并将其添加至素材上，即可在"节目"监视器面板中观察到效果，如图4-57、图4-58所示。

图 4-57

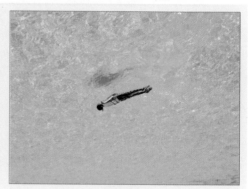

图 4-58

（2）水平翻转

"水平翻转"效果会使画面沿垂直中心翻转180°。在"效果"面板中选择该特效并将其添加至素材上，即可在"节目"监视器面板中观察到效果，如图4-59、图4-60所示。

图 4-59          图 4-60

**（3）羽化边缘**

"羽化边缘"效果会使画面周围产生像素羽化的效果。在"效果"面板中选择该特效并将其添加至素材上，在"时间轴"面板中单击特效，用户可在"效果控件"面板中设置参数，并可在"节目"监视器面板中观察到效果，如图4-61、图4-62所示。

图 4-61          图 4-62

**（4）裁剪**

"裁剪"效果可以对素材进行边缘裁剪。在"效果"面板中选择该特效并将其添加至素材上，在"时间轴"面板中单击特效，用户可在"效果控件"面板中设置参数，并可在"节目"监视器面板中观察到效果，如图4-63、图4-64所示。

图 4-63          图 4-64

## 4.2.2  图像控制

"图像控制"效果组主要通过各种方法对图像中的特定颜色进行处理，从而制作出特殊的视觉效果，该效果组中包括"灰度系数校正""颜色平衡（RGB）""色彩替换""颜色过滤""黑白"共5种效果。

（1）灰度系数校正

"灰度系数校正"效果可以通过调整"灰度系数"参数的数值，在不改变图像高亮区域的情况下使图像变亮或变暗。在"效果"面板中选择该特效并将其添加至素材上，在"时间轴"面板中单击特效，用户可在"效果控件"面板中设置参数，并可在"节目"监视器面板中观察到效果，如图4-65、图4-66所示。

图 4-65　　　　　　　　　　　　　　　图 4-66

（2）颜色平衡（RGB）

"颜色平衡（RGB）"效果可以通过单独改变画面中像素的RGB值来调整图像的颜色。在"效果"面板中选择该特效并将其添加至素材上，在"时间轴"面板中单击特效，用户可在"效果控件"面板中设置参数，并可在"节目"监视器面板中观察到效果，如图4-67、图4-68所示。

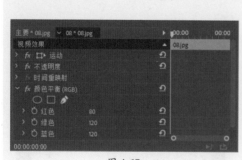

图 4-67　　　　　　　　　　　　　　　图 4-68

（3）颜色替换

"颜色替换"效果可通过该视频特效将图像中指定的颜色替换为另一种指定颜色，

而其他颜色保持不变。在"效果"面板中选择该特效并将其添加至素材上，在"时间轴"面板中单击特效，用户可在"效果控件"面板中设置参数，并可在"节目"监视器面板中观察到效果，如图4-69、图4-70所示。

图 4-69

图 4-70

（4）颜色过滤

"颜色过滤"效果与"颜色替换"效果类似，可以将图像中的一种颜色替换为另一种颜色。

（5）黑白

"黑白"效果可以将彩色图像转换为灰度图像。

## 4.2.3　实用程序

"实用程序"效果组中仅提供了"Cineon转换器"效果，该效果可以改变画面的明度、色调、高光和灰度等，能够实现转换Cineon文件中颜色的效果。将运动图片电影转换成数字电影时，经常会使用该特效。

应用"Cineon转换"视频特效前后画面的对比效果如图4-71、图4-72所示。

图 4-71

图 4-72

## 4.2.4　扭曲

"扭曲"效果组是较常使用的视频特效，主要通过对图像进行几何扭曲变形来制作各种各样的画面变形效果，该特效组中包括"位移""变形稳定器""变换""放大""旋转""果冻效应修复""波形变形""球面化""紊乱置换""边角定位""镜像""镜头扭曲"共12种效果。

（1）位移

"位移"效果可以使画面水平或垂直移动，画面中空缺的像素会自动进行补充。在"效果"面板中选择该特效并将其添加至素材上，在"时间轴"面板中单击特效，用户可在"效果控件"面板中设置参数，并可在"节目"监视器面板中观察到效果，如图4-73、图4-74所示。

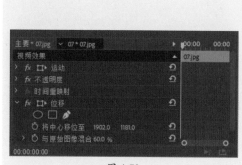

图 4-73

图 4-74

（2）变形稳定器

"变形稳定器"效果可以消除因摄像机移动而导致的画面抖动，将抖动效果转化为稳定的平滑拍摄效果。

（3）变换

"变换"效果用于使影片画面在水平或垂直方向上产生弯曲变形的效果。在"效果"面板中选择该特效并将其添加至素材上，在"时间轴"面板中单击特效，用户可在"效果控件"面板中设置参数，并可在"节目"监视器面板中观察到效果，如图4-75、图4-76所示。

图 4-75

图 4-76

（4）放大

"放大"效果用于模拟放大镜放大图像中的某一部分。在"效果"面板中选择该特效并将其添加至素材上，在"时间轴"面板中单击特效，用户可在"效果控件"面板中设置参数，并可在"节目"监视器面板中观察到效果，如图4-77、图4-78所示。

图 4-77

图 4-78

（5）旋转

"旋转"效果用于使图像产生沿中心轴旋转的效果。在"效果"面板中选择该特效并将其添加至素材上，在"时间轴"面板中单击特效，用户可在"效果控件"面板中设置参数，并可在"节目"监视器面板中观察到效果，如图4-79、图4-80所示。

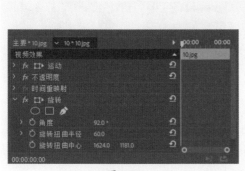

图 4-79

图 4-80

（6）果冻效应修复

"果冻效应修复"效果可以修复素材在拍摄时产生的抖动、变形等效果。

（7）波形变形

"波形变形"效果类似于"弯曲"特效，可以设置波纹的形状、方向及宽度。在"效果"面板中选择该特效并将其添加至素材上，在"时间轴"面板中单击特效，用户可在"效果控件"面板中设置参数，按回车键即可在"节目"监视器面板中观察特效效果，如图4-81、图4-82所示。

图 4-81

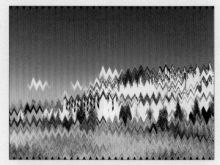

图 4-82

**（8）球面化**

"球面化"效果可以将图像的局部区域进行变形，从而产生类似于鱼眼的变形效果。在"效果"面板中选择该特效并将其添加至素材上，在"时间轴"面板中单击特效，用户可在"效果控件"面板中设置参数，并可在"节目"监视器面板中观察到效果，如图4-83、图4-84所示。

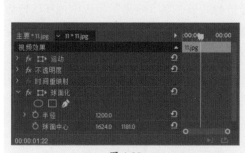

图 4-83

图 4-84

**（9）紊乱置换**

"紊乱置换"效果用于对图像进行多种方式的扭曲变形。在"效果"面板中选择该特效并将其添加至素材上，在"时间轴"面板中单击特效，用户可在"效果控件"面板中设置参数，并可在"节目"监视器面板中观察到效果，如图4-85、图4-86所示。

图 4-85

图 4-86

（10）边角定位

"边角定位"效果可以改变图像4个边角的位置，使图像产生扭曲效果。在"效果"面板中选择该特效并将其添加至素材上，在"时间轴"面板中单击特效，用户可在"效果控件"面板中设置参数，并可在"节目"监视器面板中观察到效果，如图4-87、图4-88所示。

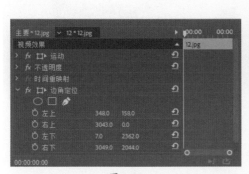

图 4-87　　　　　　　　　　　　　　　　　　图 4-88

（11）镜像

"镜像"效果用于将图层沿着指定的分隔线分隔开，从而产生镜像效果，反射的中心点和角度可以任意设定，该参数决定了图像中镜像的部分以及反射出现的中心位置。在"效果"面板中选择该特效并将其添加至素材上，在"时间轴"面板中单击特效，用户可在"效果控件"面板中设置参数，并可在"节目"监视器面板中观察到效果，如图4-89、图4-90所示。

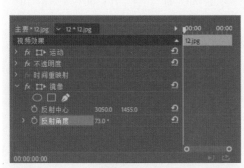

图 4-89　　　　　　　　　　　　　　　　　　图 4-90

（12）镜头扭曲

"镜头扭曲"效果用于使图像沿水平和垂直方向产生扭曲，用以模仿透过曲面透镜观察对象的扭曲效果。在"效果"面板中选择该特效并将其添加至素材上，在"时间轴"面板中单击特效，用户可在"效果控件"面板中设置参数，并可在"节目"监视器面板中观察到效果，如图4-91、图4-92所示。

图 4-91

图 4-92

## 4.2.5 时间

"时间"效果组主要与选中素材的各个帧息息相关。该特效组中包括"抽帧时间"和"残影"两种特效。

（1）抽帧时间

"抽帧时间"效果用于改变图像画面的色彩层次数量，使视频产生播放卡顿的效果。数值越小，卡顿越明显。

（2）残影

"残影"效果可以使视频运动画面产生重影效果，包括简单的视觉残影、条纹及污迹效果等。剪辑素材仅包含运动时，该效果才会起到作用。默认情况下，应用"残影"效果时，任何事先应用的效果都会被忽略。下面介绍具体的使用方法。

**步骤 01** 新建项目，导入视频素材，并将视频素材拖如"时间轴"面板的V1轨道，如图4-93所示。

**步骤 02** 在"节目"监视器面板中即可看到当前素材效果，如图4-94所示。

图 4-93

图 4-94

**步骤 03** 按住Alt键复制素材到V2轨道，并调整视频片段的位置，如图4-95所示。

**步骤 04** 从"效果"面板中搜索"残影"，将该特效添加至V2轨道的素材上，在"效果控件"面板中设置"不透明度"参数，再设置"残影时间（秒）"参数，如图4-96所示。

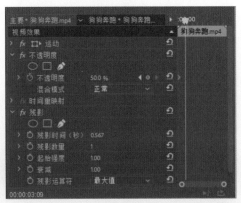

图 4-95    图 4-96

**步骤 05** 按回车键渲染视频，即可看到视频的重影效果，如图4-97、图4-98所示。

图 4-97    图 4-98

# 4.2.6 杂色与颗粒

"杂色与颗粒"效果组主要用于对图像进行柔和处理，去除图像中的噪点，或在图像上添加杂色效果。该特效组主要包括"中间值""杂色""杂色Alpha""杂色HLS""杂色HLS自动""蒙尘与划痕"共6种特效。

（1）中间值

"中间值"效果用于将图像上的每一个像素都用它周围像素的RGB平衡值来代替，从而起到模糊虚化、去除杂色的作用。在"效果"面板中选择该特效并将其添加至素材上，在"效果控件"面板中设置参数，即可在"节目"监视器面板中观察到效果，如图4-99、图4-100所示。

（2）杂色

"杂色"效果用于在画面上随机产生噪点效果。在"效果"面板中选择该特效并将其添加至素材上，在"效果控件"面板中设置参数，即可在"节目"监视器面板中观察到效果，如图4-101、图4-102所示。

图 4-99　　　　　　　　　　　　　　　　图 4-100

图 4-101　　　　　　　　　　　　　　　　图 4-102

### （3）杂色Alpha

"杂色Alpha"效果用于在图像的Alpha通道上生成杂色，并影响画面效果。在"效果"面板中选择该特效并将其添加至素材上，在"效果控件"面板中设置参数，即可在"节目"监视器面板中观察到效果，如图4-103、图4-104所示。

图 4-103　　　　　　　　　　　　　　　　图 4-104

### （4）杂色HLS

"杂色HLS"效果用于在图像中生成杂色效果后，对杂色噪点的亮度、色调及饱和度进行设置，还可以调整杂色的尺寸和相位。在"效果"面板中选择该特效并将其添加至素材上，在"效果控件"面板中设置参数，即可在"节目"监视器面板中观察到效果，如图4-105、图4-106所示。

图 4-105                                             图 4-106

（5）杂色HLS自动

"杂色HLS自动"效果用于创建自动化的杂色，与"杂色HLS"类似。

（6）蒙尘与划痕

"蒙尘与划痕"效果可以将位于指定半径内的不同像素替换为更加类似的临近像素，从而减少杂色和瑕疵，用于在图像中生成类似灰尘的杂色噪点效果。在"效果"面板中选择该特效并将其添加至素材上，在"效果控件"面板中设置参数，即可在"节目"监视器面板中观察到效果，如图4-107、图4-108所示。

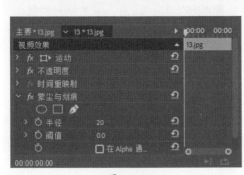

图 4-107                                             图 4-108

## 4.2.7  模糊与锐化

"模糊与锐化"效果组主要用于调整画面的模糊和锐化效果。该特效组内包括"复合模糊""方向模糊""相机模糊""通道模糊""钝化模糊""锐化"和"高斯模糊"共7个效果。

（1）复合模糊

"复合模糊"效果用于控制剪辑的明度值使像素变模糊。在"效果"面板中选择该特效并将其添加至素材上，在"效果控件"面板中设置参数，即可在"节目"监视器面板中观察到效果，如图4-109、图4-110所示。

图 4-109　　　　　　　　　　图 4-110

（2）方向模糊

"方向模糊"效果可以用于使图像产生指定方向的模糊，类似运动模糊效果。在"效果"面板中选择该特效并将其添加至素材上，在"效果控件"面板中设置参数，即可在"节目"监视器面板中观察到效果，如图4-111、图4-112所示。

图 4-111　　　　　　　　　　图 4-112

（3）相机模糊

"相机模糊"效果可以用于使图像产生类似相机拍摄时没有对准焦距的"虚焦"效果。在"效果"面板中选择该特效并将其添加至素材上，在"效果控件"面板中设置参数，即可在"节目"监视器面板中观察到效果，如图4-113、图4-114所示。

图 4-113　　　　　　　　　　图 4-114

**（4）通道模糊**

"通道模糊"效果可以用于对素材图像的红、绿、蓝或是Alpha通道单独进行模糊。在"效果"面板中选择该特效并将其添加至素材上，在"效果控件"面板中设置参数，即可在"节目"监视器面板中观察到效果，如图4-115、图4-116所示。

图 4-115

图 4-116

**（5）钝化模糊**

"钝化模糊"效果可以在"效果"面板中选择该特效并将其添加至素材上，在"效果控件"面板中设置参数，即可在"节目"监视器面板中观察到效果，如图4-117、图4-118所示。

图 4-117

图 4-118

**（6）锐化**

"锐化"效果可以用于增强相邻像素间的对比度，使图像变得更清晰。在"效果"面板中选择该特效并将其添加至素材上，在"效果控件"面板中设置参数，即可在"节目"监视器面板中观察到效果，如图4-119、图4-120所示。

**（7）高斯模糊**

"高斯模糊"效果可以用于大幅度地模糊图像，使图像产生不同程度虚化效果。在"效果"面板中选择该特效并将其添加至素材上，在"效果控件"面板中设置参数，即可在"节目"监视器面板中观察到效果，如图4-121、图4-122所示。

图 4-119

图 4-120

图 4-121

图 4-122

## 4.2.8 生成

"生成"效果组主要是对光和填充色的处理，可以使画面看起来具有光感和动感。该特效组中包括"书写""单元格图案""吸管填充""四色渐变""圆形""棋盘""椭圆""油漆桶""渐变""网格""镜头光晕"和"闪电"共12种特效。

（1）书写

"书写"效果用于在图像上创建划臂运动的关键帧动画并记录运动路径，模拟出书写绘画效果。下面介绍该特效的具体用法。

**步骤01** 新建项目，导入素材，再将素材拖入"时间轴"面板，如图4-123所示。

**步骤02** 在"节目"监视器面板中可以看到素材效果，如图4-124所示。

**步骤03** 在工具面板中单击"文字工具"，在监视器面板中单击并输入文字，如图4-125所示。

图 4-123

图 4-124

图 4-125

**步骤 04** 在"基本图形"面板的"编辑"选项卡中设置文本字体、大小、颜色等参数，如图4-126所示。

**步骤 05** 设置后的文本效果如图4-127所示。

图 4-126

图 4-127

**步骤 06** 选择文本素材，单击鼠标右键，在弹出的菜单中选择"嵌套"命令，打开"嵌套序列名称"对话框，保持默认嵌套名称，如图4-128所示。

**步骤 07** 单击"确定"按钮关闭对话框后，可以看到V2轨道中的文字素材变成了嵌套素材，如图4-129所示。

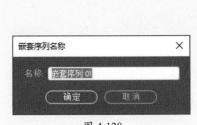
图 4-128

图 4-129

步骤 08 在"效果"面板中选择"书写"效果，将其拖动至嵌套素材。选择嵌套素材，在"效果控件"面板中设置"书写"效果的画笔大小、画笔硬度、画笔间隔等参数，如图4-130所示。

步骤 09 在"效果控件"面板中单击"书写"效果，在"节目"监视器面板中放大图像，再调整画笔位置，如图4-131所示。

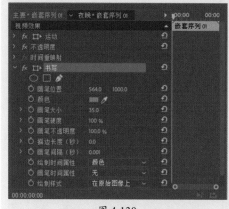

图 4-130 图 4-131

步骤 10 在"效果控件"面板中单击"画笔位置"属性左侧的"切换动画"按钮，创建第一个关键帧，如图4-132所示。

步骤 11 按→键将时间指示器移动1帧，再移动画笔位置，系统会自动创建关键帧，如图4-133所示。

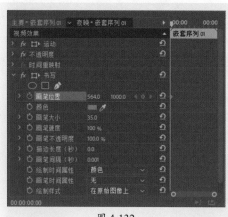

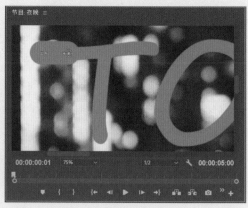

图 4-132 图 4-133

步骤 12 照此方法，逐帧创建关键帧，如图4-134所示。

步骤 13 在"效果控件"面板中设置"绘制样式"类型为"显示原始图形"，如图4-135所示。

图 4-134

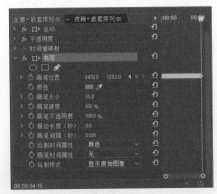

图 4-135

**步骤 14** "节目"监视器面板中的效果如图4-136所示。

图 4-136

**步骤 15** 按回车键渲染动画，即可看到文字书写效果。

（2）单元格图案

"单元格图案"效果可生成基于单元格图案（如气泡、晶体、印版等）的随机填充效果。在"效果"面板中选择该特效并将其添加至素材上，在"效果控件"面板中设置参数，即可在"节目"监视器面板中观察到效果，如图4-137、图4-138所示。

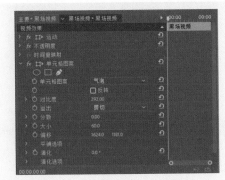

图 4-137

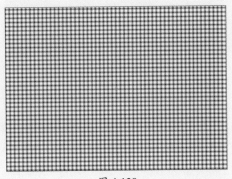

图 4-138

（3）吸管填充

"吸管填充"效果可以提取采样坐标点的颜色来填充整个画面，通过设置原始图像的混合度，得到整体画面的偏色效果。在"效果"面板中选择该特效并将其添加至素材上，在"效果控件"面板中设置参数，即可在"节目"监视器面板中观察到效果，如图4-139、图4-140所示。

图 4-139

图 4-140

（4）四色渐变

"四色渐变"效果可用于设置4种互相渐变的颜色来填充图像。在"效果"面板中选择该特效并将其添加至素材上，在"效果控件"面板中设置参数，即可在"节目"监视器面板中观察到效果，如图4-141、图4-142所示。

图 4-141

图 4-142

（5）圆形

"圆形"效果可用于在图像上创建一个自定义的圆形或圆环。在"效果"面板中选择该特效并将其添加至素材上，在"效果控件"面板中设置参数，即可在"节目"监视器面板中观察到效果，如图4-143、图4-144所示。

图 4-143

图 4-144

（6）棋盘

"棋盘"效果可用于在图像上创建一种棋盘格的图案效果。在"效果"面板中选择该特效并将其添加至素材上，在"效果控件"面板中设置参数，即可在"节目"监视器面板中观察到效果，如图4-145、图4-146所示。

图 4-145

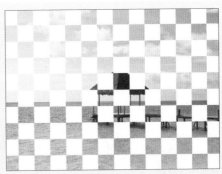
图 4-146

（7）椭圆

"椭圆"效果可用于在图像上创建一个椭圆形的光圈图案效果。在"效果"面板中选择该特效并将其添加至素材上，在"效果控件"面板中设置参数，即可在"节目"监视器面板中观察到效果，如图4-147、图4-148所示。

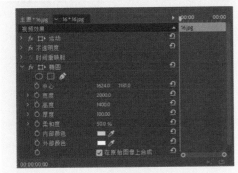
图 4-147

图 4-148

**（8）油漆桶**

"油漆桶"效果可用于将图像上指定区域的颜色替换成另外一种颜色。在"效果"面板中选择该特效并将其添加至素材上，在"效果控件"面板中设置参数，即可在"节目"监视器面板中观察到效果，如图4-149、图4-150所示。

图 4-149          图 4-150

**（9）渐变**

"渐变"效果可用于在图像上叠加一个双色渐变填充的蒙版。在"效果"面板中选择该特效并将其添加至素材上，在"效果控件"面板中设置参数，即可在"节目"监视器面板中观察到效果，如图4-151、图4-152所示。

图 4-151          图 4-152

**（10）网格**

"网格"效果可用于在图像上创建自定义的网格效果。在"效果"面板中选择该特效并将其添加至素材上，在"效果控件"面板中设置参数，即可在"节目"监视器面板中观察到效果，如图4-153、图4-154所示。

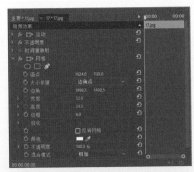

图 4-153 图 4-154

**（11）镜头光晕**

"镜头光晕"效果可用于在图像上模拟出相机镜头拍摄的强光折射效果。在"效果"面板中选择该特效并将其添加至素材上，在"效果控件"面板中设置参数，即可在"节目"监视器面板中观察到效果，如图4-155、图4-156所示。

图 4-155 图 4-156

**（12）闪电**

"闪电"效果可用于在图像上产生类似闪电或电火花的光电效果。在"效果"面板中选择该特效并将其添加至素材上，在"效果控件"面板中设置参数，即可在"节目"监视器面板中观察到效果，如图4-157、图4-158所示。

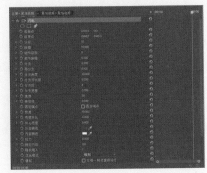

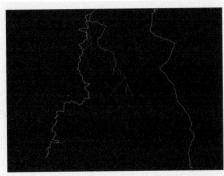

图 4-157 图 4-158

## 4.2.9 视频

"视频"效果组主要用于简化场景的精确定位以及与团队成员及客户之间的合作。该特效组内包括"SDR遵从情况""剪辑名称""时间码""剪辑文本"共4种特效。

**（1）SDR遵从情况**

将HDR媒体转换为SDR时使用"SDR遵从情况"效果，可调节亮度、对比度、阈值等参数。

**（2）剪辑名称**

"剪辑名称"效果可以在画面上实时显示素材的名称，方便从客户或合作者那里得到反馈。

**（3）时间码**

"时间码"效果可以在画面上实时显示时间码。用户可以将效果添加到调整图层上，从而为整个序列生成一个可见的时间码。在视频素材上创建调整图层，然后选择该特效并将其添加至调整图层上，在"效果控件"面板中设置参数，即可在"节目"监视器面板中观察到效果，如图4-159、图4-160所示。

图 4-159

图 4-160

**（4）简单文本**

"简单文本"效果可以在画面上实时显示简单文本。

## 4.2.10 调整

"调整"效果组可以调整素材的颜色、亮度、质感等，在实际应用中主要用于修复原始素材的偏色及曝光不足等方面的缺陷，也可以通过调整素材的颜色或者亮度来制作特殊的色彩效果。该效果组中包括"ProcAmp""光照效果""卷积内核""提取""色阶"共5种特效。

**（1）ProcAmp**

ProcAmp效果用于模拟标准电视设备上的处理放大器，可同时调整亮度、对比度、色相和饱和度。在"效果"面板中选择该特效并将其添加至素材上，在"效果控件"面板中设置参数，即可在"节目"监视器面板中观察到对比效果，如图4-161、图4-162所示。

图 4-161 图 4-162

（2）光照效果

"光照效果"效果可为素材添加5种光照来产生创意的效果。在"效果"面板中选择
该特效并将其添加至素材上，在"效果控件"面板中设置光照参数，即可在"节目"监
视器面板中观察到效果，如图4-163、图4-164所示。

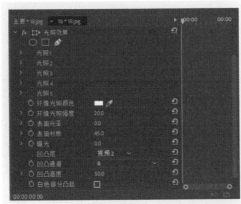

图 4-163 图 4-164

（3）卷积内核

"卷积内核"效果可根据卷积运算来更改剪辑中每个像素的亮度值，类似Photoshop
的自定滤镜。

（4）提取

"提取"效果用于提取画面的颜色信息，通过控制像素的灰度值来将图像转换为灰
度模式显示。在"效果"面板中选择该特效并将其添加至素材上，在"效果控件"面板
中设置参数，即可在"节目"监视器面板中观察到效果，如图4-165、图4-166所示。

（5）色阶

"色阶"效果可用于将图像的各个通道的输入颜色级别范围重新映像到一个新的输
出颜色级别范围，从而改变画面的质感，类似Photoshop的"色阶"命令。

图 4-165

图 4-166

## 4.2.11　透视

"透视"效果组主要用于制作三维立体效果和空间效果，组中包括"基本3D""投影""放射阴影""斜角边""斜面Alpha"共5种视频特效。

（1）基本3D

"基本3D"效果可以模拟平面图像在三维空间的运动效果。

（2）投影

"投影"效果主要用于为素材添加阴影效果。在"效果"面板中选择该特效并将其添加至素材上，在"效果控件"面板中设置参数，即可在"节目"监视器面板中观察到效果，如图4-167、图4-168所示。

图 4-167

图 4-168

（3）放射阴影

"放射阴影"效果用于在指定位置产生光源照射到图像上，在下层图像上投射出阴影的效果。在"效果"面板中选择该特效并将其添加至素材上，在"效果控件"面板中设置参数，即可在"节目"监视器面板中观察到效果，如图4-169、图4-170所示。

图 4-169

图 4-170

**（4）斜角边**

"斜角边"效果用于在图像的边界处产生一个类似于雕刻状的三维外观。该特效的边界为矩形形状，不带有矩形Alpha通道的图像不能产生符合要求的视觉效果。在"效果"面板中选择该特效并将其添加至素材上，在"效果控件"面板中设置参数，即可在"节目"监视器面板中观察到效果，如图4-171、图4-172所示。

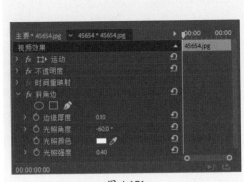

图 4-171

图 4-172

**（5）斜面Alpha**

"斜面Alpha"效果用于使图像中的Alpha通道产生斜面效果。

## 4.2.12　通道

"通道"效果组主要是通过图像通道的转换与插入等方式改变图像，以制作出各种特殊效果。组内包括"反转""复合运算""混合""算术""纯色合成""计算""设置遮罩"共7种特效。

**（1）反转**

"反转"效果用于将预设的颜色做反色显示，使处理后的图像效果类似照片的底片，即通常所说的负片效果。在"效果"面板中选择该特效并将其添加至素材上，即可在"节目"监视器面板中观察到效果，如图4-173、图4-174所示。

图 4-173                            图 4-174

（2）复合运算

"复合运算"效果可以对两个图层的像素进行数学运算。在"效果"面板中选择该特效并将其添加至素材上，在"效果控件"面板中设置参数，即可在"节目"监视器面板中观察到效果，如图4-175、图4-176所示。

图 4-175                            图 4-176

（3）混合

"混合"效果可用于混合的参考图层，利用不同的混合模式来变换图像的颜色通道，以制作出特殊的颜色效果。在"效果"面板中选择该特效并将其添加至素材上，在"效果控件"面板中设置参数，即可在"节目"监视器面板中观察到效果，如图4-177、图4-178所示。

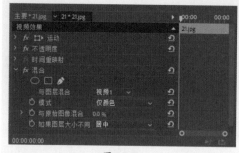

图 4-177                            图 4-178

（4）算术

"算术"效果主要用于对图像的色彩通道进行简单的数学运算，从而制作出特殊的颜色效果。

（5）纯色合成

"纯色合成"效果可以用一种颜色作为当前图层的覆盖图层，通过改变叠加模式来实现特效效果。在"效果"面板中选择该特效并将其添加至素材上，在"效果控件"面板中设置参数，即可在"节目"监视器面板中观察到效果，如图4-179、图4-180所示。

| 图 4-179 | 图 4-180 |

（6）计算

"计算"效果可以利用不同的计算方式改变图像的RGB通道，从而制作出特殊的颜色效果。

（7）设置遮罩

"设置遮罩"效果用于以当前层中的Alpha通道取代指定层中的Alpha通道，使之产生运动屏蔽的效果。

知识链接

使用"混合"视频特效时，需要设置与源素材混合的图层，例如源素材位于V1轨道上，则需要将除V1轨道的其他轨道定义为"混合"视频特效的混合通道。

## 4.2.13 键控

"键控"效果组主要用于两个重叠的素材图像产生各种叠加效果，以及清除图像中指定部分的内容形成抠像效果。组内包括"Alpha调整""亮度键""图像遮罩键""差值遮罩""移除遮罩""超级键""轨道遮罩键""非红色键""颜色键"共9种效果。

（1）Alpha调整

"Alpha调整"效果用于将上层图像中的Alpha通道设置成遮罩叠加效果。

**（2）亮度键**

"亮度键"效果用于将生成图像中的灰度像素设置为透明，并且保持色度不变。在"效果"面板中选择该特效并将其添加至素材上，即可在"节目"监视器面板中观察到效果，如图4-181、图4-182所示。

图 4-181

图 4-182

**（3）图像遮罩键**

"图像遮罩键"效果的使用方法与其他效果稍微不同，需要选择一个外部素材作为遮罩图像，从而控制两个图层中图像的叠加效果。下面介绍具体的使用方法。

**步骤 01** 新建项目，导入视频素材，再将素材拖入"时间轴"面板的V1轨道，如图4-183所示。

**步骤 02** 从"效果"面板中选择"图像遮罩键"效果添加到视频素材上，然后在"效果控件"面板展开该特效的参数面板，单击右侧的"设置"按钮，如图4-184所示。

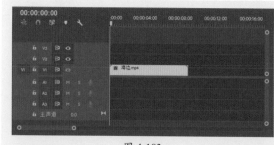
图 4-183

图 4-184

**步骤 03** 打开"选择遮罩图像"对话框，选择事先准备好的遮罩素材，如图4-185所示。

**步骤 04** 单击"打开"按钮返回"效果控件"面板，再设置"合成使用"类型为"亮度遮罩"，如图4-186所示。

图 4-185

**步骤 05** 在"节目"监视器面板中可以看到遮罩效果，如图4-187所示。

图 4-186          图 4-187

**（4）差值遮罩**

"差值遮罩"效果用于叠加两个图像中相互不同部分的纹理，保留对方的纹理颜色。在"效果"面板中选择该特效并将其添加至素材上，即可在"节目"监视器面板中观察到效果，如图4-188、图4-189所示。

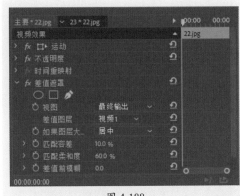

图 4-188          图 4-189

**（5）移除遮罩**

"移除遮罩"效果用于清除图像遮罩边缘的白色或黑色残留，是对遮罩处理效果的辅助处理。

**（6）超级键**

"超级键"效果用于对图像中的指定颜色范围生成遮罩，并通过参数设置对遮罩效果进行精细调整，得到需要的抠像效果。

**（7）轨道遮罩键**

"轨道遮罩键"效果只在素材特定区域内显示效果，需要选定一个轨道素材来生成遮罩。在"效果"面板中选择该特效并将其添加至素材上，选择遮罩轨道和合成方式，即可在"节目"监视器面板中观察到效果，如图4-190、图4-191所示。

图 4-190

图 4-191

**（8）非红色键**

"非红色键"效果用于对图像中的指定颜色范围生成遮罩，并通过参数设置对遮罩效果进行精细调整，得到需要的抠像效果。

**（9）颜色键**

"颜色键"效果用于将图像中指定颜色的像素清除，是比较常用的抠像特效。在"效果"面板中选择该特效并将其添加至素材上，即可在"节目"监视器面板中观察到效果，如图4-192、图4-193所示。

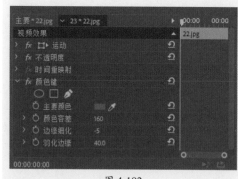

图 4-192

图 4-193

## 4.2.14 颜色校正

"颜色校正"效果组主要用于校正素材的颜色，组中包括"ASC CDL""Lumetri颜色""亮度与对比度""分色""均衡""更改为颜色""更改颜色""色彩""视频限制器""通道混合器""颜色平衡""颜色平衡（HLS）"共12种效果。

**（1）ASC CDL**

ASC CDL效果可对素材进行红、绿、蓝3种颜色的色相即饱和度进行调整。

（2）Lumetri颜色

"Lumetri颜色"效果可在通道中对素材的颜色进行调整。

（3）亮度与对比度

"亮度与对比度"效果可通过控制"亮度"和"对比度"两个参数调整画面的亮度和对比度效果。

> **知识链接** 　　在设置"亮度与对比度"特效的参数时，要注意控制其参数值，过高的参数值容易使画面局部或者整体曝光过度。

（4）分色

"分色"效果可通过保留设置的一种颜色，对其他颜色进行去色处理，以制作出画面中只有一种彩色颜色的效果，如图4-194、图4-195所示。

图 4-194　　　　　　　　　　　　　　　　　图 4-195

（5）均衡

"均衡"效果可通过修改RGB、亮度等方式自动调整素材颜色。

（6）更改为颜色/更改颜色

"更改为颜色"效果可将画面中的一种颜色变为另外一种颜色，如图4-196、图4-197所示。"更改颜色"效果与"更改为颜色"效果相似，可对画面中的颜色进行更改替换。

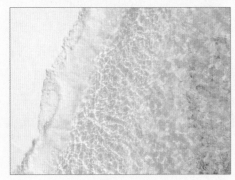 

图 4-196　　　　　　　　　　　　　　　　　图 4-197

（7）色彩

"色彩"效果可通过所更改的颜色对图像进行颜色变换处理。

（8）视频限制器

"视频限制器"效果可以对画面中素材的颜色值进行限幅调整。

（9）通道混合器

"通道混合器"效果常用于修改画面中的颜色。

（10）颜色平衡

"颜色平衡"效果可调整素材中阴影的红绿蓝、中间调的红绿蓝和亮部的红绿蓝占比。将该特效添加至素材上，在"效果控件"面板中设置效果参数，即可在"节目"监视器面板中观察到效果，如图4-198、图4-199所示。

图 4-198　　　　　　　　　　　　　　图 4-199

（11）颜色平衡（HLS）

"颜色平衡（HLS）"效果可通过色相、亮度和饱和度等参数调节画面色调。将该特效添加至素材上，在"效果控件"面板中设置效果参数，即可在"节目"监视器面板中观察到效果，如图4-200、图4-201所示。

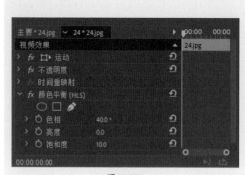 

图 4-200　　　　　　　　　　　　　　图 4-201

## 4.2.15　风格化

"风格化"效果组主要用于对图像进行艺术风格的美化处理。组中包括"Alpha发光""复制""彩色浮雕""抽帧""曝光过度""查找边缘""浮雕""画笔描边""粗糙边缘""纹理化""闪光灯""阈值""马赛克"共13个效果。

（1）Alpha发光

"Alpha发光"效果用于对含有Alpha通道的边缘向外生成单色或双色过渡的发光效果。在"效果"面板中选择该特效并将其添加至素材上，即可在"节目"监视器面板中观察到效果，如图4-202、图4-203所示。

图 4-202　　　　　　　　　　　　　　　　图 4-203

（2）复制

"复制"效果用于设置对图像画面的复制数量，复制得到的每个区域都将显示完整的画面效果。在"效果"面板中选择该特效并将其添加至素材上，即可在"节目"监视器面板中观察到效果，如图4-204所示。

（3）彩色浮雕

"彩色浮雕"效果用于将图像画面处理成类似于轻浮雕的效果。在"效果"面板中选择该特效并将其添加至素材上，即可在"节目"监视器面板中观察到效果，如图4-205所示。

图 4-204　　　　　　　　　　　　　　　　图 4-205

（4）抽帧

"抽帧"效果在播放时可产生跳帧播放的作用。

（5）曝光过度

"曝光过度"效果用于将画面处理成类似于相机底片曝光的效果。在"效果"面板中选择该特效并将其添加至素材上，即可在"节目"监视器面板中观察到效果，如图4-206、图4-207所示。

图 4-206

图 4-207

（6）查找边缘

"查找边缘"效果用于对图像中颜色相同的成片像素以线条进行边缘勾勒。在"效果"面板中选择该特效并将其添加至素材上，即可在"节目"监视器面板中观察到效果，如图4-208所示。

（7）浮雕

"浮雕"效果用于在画面上产生浮雕效果，同时去掉原有的颜色。在"效果"面板中选择该特效并将其添加至素材上，即可在"节目"监视器面板中观察到效果，如图4-209所示。

图 4-208

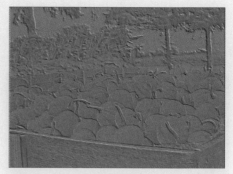
图 4-209

（8）画笔描边

"画笔描边"效果可以使素材表面产生类似画笔涂鸦或水彩画的效果。在"效果"面板中选择该特效并将其添加至素材上，在"效果控件"面板中设置参数后，即可在

"节目"监视器面板中观察到效果，如图4-210所示。

（9）粗糙边缘

"粗糙边缘"效果用于将图像的边缘粗糙化，模拟边缘腐蚀的纹理效果。在"效果"面板中选择该特效并将其添加至素材上，在"效果控件"面板中设置参数后，即可在"节目"监视器面板中观察到效果，如图4-211所示。

图 4-210

图 4-211

（10）纹理化

"纹理化"效果可以在当前图层中创建指定图层的浮雕纹理效果。在"效果"面板中选择该特效并将其添加至素材上，在"效果控件"面板中选择纹理图层并设置参数，即可在"节目"监视器面板中观察到效果，如图4-212所示。

（11）闪光灯

"闪光灯"效果用于在素材剪辑的持续时间范围内，将指定间隔时间的帧画面上覆盖指定的颜色，从而使画面在播放过程中产生闪烁的效果。

（12）阈值

"阈值"效果用于将图像变成黑白模式，通过设置"级别"参数，可以调整图像的转换程度。

（13）马赛克

"马赛克"效果用于在画面上产生马赛克效果，将画面分成若干个方格。在"效果"面板中选择该特效并将其添加至素材上，即可在"节目"监视器面板中观察到效果，如图4-213所示。

图 4-212

图 4-213

## 4.3 视频外挂特效

Premiere还支持很多的第三方视频外挂特效，用户借助这些外挂特效能制作出Premiere Pro自身不易制作或者无法实现的某些特效，从而为影片增加更多的艺术效果。

Cycore FX系列插件中较为常用的视频特效是用于制作雨雪特效的Rain（雨）和Snow（雪）插件，其控制方法较为简单，但制作出的雨雪效果却非常真实，是当前制作雨雪效果的最佳工具之一。

### 1. CC Rain（雨）

"CC Rain（雨）"是使用比较简单但又使用十分频繁的一种视频特效，主要用于模拟下雨的效果。特效参数面板如图4-214所示。

图 4-214

**（1）Amount（数量）**

"Amount（数量）"用于控制单位时间内产生雨的数量。其取值范围为0～1000，参数值越大，画面中雨的数量就越多。参数值设置为200时的效果如图4-215所示；参数值设置为600时的效果如图4-216所示。

图 4-215

图 4-216

**（2）Speed（速度）**

"Speed（速度）"参数用于控制雨的运动速度。取值范围为0.5～2，参数值越大，雨滴下落的速度也就越快。不同参数值下，下雨的对比效果如图4-217、图4-218所示。

图 4-217

图 4-218

**（3）Angle（角度）**

"Angle（角度）"参数用于控制雨的角度。该默认参数值为10，画面效果如图4-219所示，用户可通过调整该参数值来控制雨的方向。调整该参数值为50后，画面效果如图4-220所示。

图 4-219

图 4-220

## 2. CC Snow（雪）

"CC Snow（雪）"视频特效是用于模拟下雪效果的特效插件，其参数控制面板效果如图4-221所示。

图 4-221

（1）Amount（数量）

"Amount（数量）"参数用于控制雪的数量，该参数值越大，画面中雪的数量就越大。如图4-222、图4-223所示为不同参数的雪效果。

图 4-222        图 4-223

（2）Flake Size（雪片大小）

"Flake Size（雪片大小）"参数用于控制雪粒子的大小。默认参数为2，取值范围为0~50。该参数值越大，画面中雪粒子也就越大。不同"Flake Size（雪片大小）"参数下画面对比效果如图4-224、图4-225所示。

图 4-224        图 4-225

（3）Opacity（不透明度）

"Opacity（不透明度）"参数用于控制雪花的不透明度，默认参数值为50%。取值范围为0~100%。不同参数下的雪花效果如图4-226、图4-227所示。

图 4-226        图 4-227

# 自己练／制作星光闪烁效果

**案例路径** 云盘＼实例文件＼第4章＼自己练＼制作星光闪烁效果

**项目背景** 在使用Premiere Pro进行视频剪辑制作时，可以利用视频特效叠加的方式将水珠或灯光等制作出具有梦幻效果的闪烁星光，使作品的观赏性大大提高。本案例将利用"方向模糊"等特效将水滴制作出星光闪烁的效果。

**项目要求** ①选择较为清晰的带有水珠或灯光的视频素材。

②搭配音频效果。

③选择合适的一个片段制作成慢动作。

**项目分析** 导入视频素材和音频素材，利用"剃刀工具"截取视频片段和音频片段，再拉伸素材。复制视频轨道，为轨道添加"方向模糊"特效，设置不同的角度，再设置图层混合模式。创建调整图层，利用"亮度曲线"效果和"Lumetri颜色"效果调整视频效果，如图4-228所示。

图 4-228

**课时安排** 4课时。

Premiere Pro

第 **5** 章

# 字幕设计详解

## 本章概述

　　字幕是影视作品中重要的信息表现元素，纯画面信息不能完全取代文字信息的功能。Premiere可以利用文字创建字幕和演职员表，还可以用于创建动画合成，帮助影片更全面地展现其信息内容，起到解释画面、补充内容等作用，同时能够美化版面。在Premiere Pro CC 2018中，用户可以使用传统的旧版标题和最新的文本功能来创建所需的文字效果。

　　本章主要介绍字幕的类型、各种字幕创建功能的应用与字幕的编辑等知识。

## 要点难点

- 了解字幕类型 ★☆☆
- 旧版标题的应用 ★★★
- 开放式字幕的应用 ★☆☆
- 新版字幕的应用 ★★☆

# 跟我学 制作电影结尾滚动字幕 ///////////////

**学习目标** 电影谢幕后一般会展示演职员列表，通常是通过滚动字幕的形式来实现。利用自下而上的字幕显示方式，会让展示效果变得更佳。通过学习本实例的制作过程，可掌握旧版标题制作滚动字幕的方法。

**效果预览**

**案例路径** 云盘\实例文件\第5章\跟我学\制作电影结尾滚动字幕

## 1. 新建项目和序列

**步骤01** 新建项目，在弹出的"新建项目"对话框中设置名称、保存位置等参数，如图5-1所示。

**步骤02** 在"项目"面板中双击鼠标，打开"导入"对话框，选择需要的视频素材，如图5-2所示。

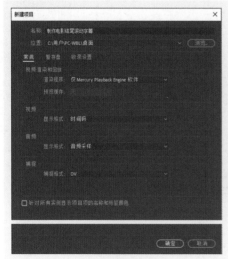

图 5-1

图 5-2

**步骤 03** 单击"打开"按钮即可将其导入"合成"面板，如图5-3所示。

**步骤 04** 在"项目"面板中单击"新建项"按钮，在弹出的列表中选择"黑场视频"选项，会打开"新建黑场视频"对话框，如图5-4所示。

图 5-3　　　　　　　　　　　　　　　　图 5-4

**步骤 05** 单击"确定"按钮会创建"黑场视频"项目素材，如图5-5所示。

**步骤 06** 将其拖入"时间轴"面板的V1轨道，如图5-6所示。

图 5-5　　　　　　　　　　　　　　　　图 5-6

### 2. 编辑视频素材

**步骤 01** 调整"黑场视频"的素材时长至15s，如图5-7所示。

**步骤 02** 将"穿梭.mp4"视频素材拖入"时间轴"面板的V2轨道，如图5-8所示。

图 5-7　　　　　　　　　　　　　　　　图 5-8

**步骤 03** 选择视频素材，在"效果控件"面板中设置"缩放"参数为60，如图5-9所示。

**步骤 04** 在"节目"监视器面板中可以看到缩放后的视频效果，如图5-10所示。

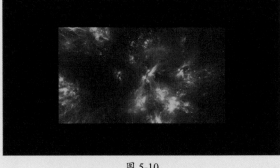

图 5-9                                    图 5-10

**步骤 05** 从"效果"面板中选择"边角定位"特效,将其添加到V2轨道的视频素材,然后在"效果控件"面板中设置该特效的参数,如图5-11所示。

**步骤 06** 设置后的效果如图5-12所示。

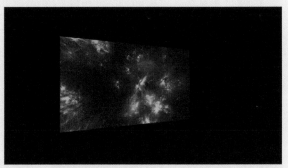

图 5-11                                   图 5-12

**步骤 07** 在"效果控件"面板中调整"运动"效果下的"位置"参数,改变视频素材的位置,如图5-13、图5-14所示。

图 5-13                                   图 5-14

**步骤 08** 在"时间轴"面板中,按住Alt键复制视频素材到V3轨道,如图5-15所示。

**步骤 09** 从"效果"面板中选择"垂直翻转"特效,添加到V3轨道的视频素材上,使其垂直翻转。

**步骤 10** 在"效果控件"面板中调整V3轨道素材的"边角定位"特效参数，如图5-16所示。

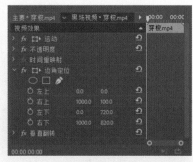

图 5-15                    图 5-16

**步骤 11** 在"效果控件"面板中调整"位置"参数，如图5-17所示。

**步骤 12** 设置后的效果如图5-18所示。

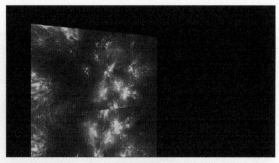

图 5-17                    图 5-18

**步骤 13** 在"效果控件"面板中调整"不透明度"参数为30.0％，如图5-19所示。

**步骤 14** 设置后的效果如图5-20所示。

图 5-19                    图 5-20

**3. 创建并编辑滚动字幕**

**步骤 01** 执行"文件"|"新建"|"旧版标题"命令，打开"新建字幕"对话框，保持默认参数，如图5-21所示。

**步骤 02** 单击"确定"按钮即会打开字幕设计器，如图5-22所示。

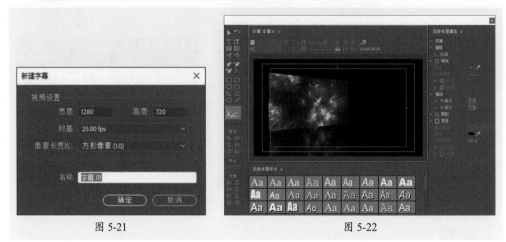

图 5-21                                    图 5-22

**步骤 03** 从"项目"面板将新创建的字幕素材拖入"时间轴"面板的V4轨道，如图5-23所示。

图 5-23

**步骤 04** 在字幕设计器中单击"文字工具"，在绘图区单击并输入文字内容，单击"选择工具"选择文字，然后在"旧版标题样式"面板中选择合适的样式，如图5-24所示。

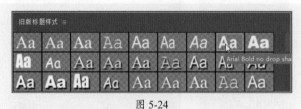

图 5-24

**步骤 05** 调整文字大小，如图5-25所示。

图 5-25

**步骤 06** 在绘图区中调整文字位置，在监视器面板可以看到效果，如图5-26所示。

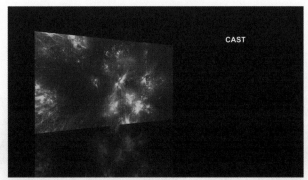

图 5-26

**步骤 07** 单击"文字工具"，设置文字样式、大小以及"右对齐"方式，在字幕设计器的绘图区单击、输入文字并调整位置，如图5-27所示。

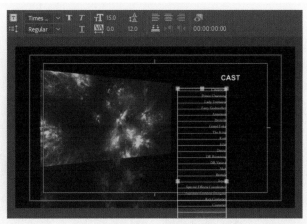

图 5-27

**步骤 08** 单击"文字工具"，设置对齐方式为"左对齐"，创建文字内容并调整位置，如图5-28所示。

图 5-28

**步骤 09** 在字幕设计器中单击"滚动/游动"按钮，打开"滚动/游动选项"对话框，选中"滚动"单选按钮，再勾选"开始于屏幕外"和"结束于屏幕外"复选框，如图5-29所示。

**步骤 10** 单击"确定"按钮完成设置，按空格键即可预览到字幕滚动效果，如图5-30所示。

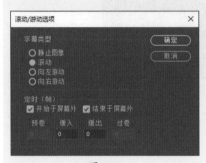

图 5-29

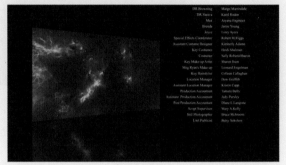

图 5-30

## 4. 制作字幕淡出效果

**步骤 01** 将时间指示器移动至开始位置，选择"字幕01"素材，打开"效果控件"面板，为"不透明度"属性添加第一个关键帧，设置参数为100.0％，如图5-31所示。

**步骤 02** 将时间指示器移动至00:00:12:00处，为"不透明度"属性添加第二个关键帧，参数不变，如图5-32所示。

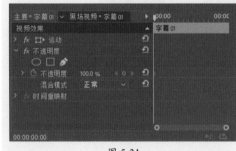

图 5-31

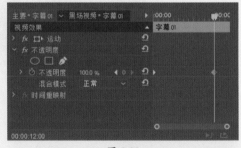

图 5-32

**步骤 03** 将时间指示器移动至结尾处，为"不透明度"属性添加第三个关键帧，设置参数为0.0％，如图5-33所示。

图 5-33

**5. 预览效果并保存项目**

**步骤 01** 按空格键可快速预览字幕滚动的效果，如图5-34所示。

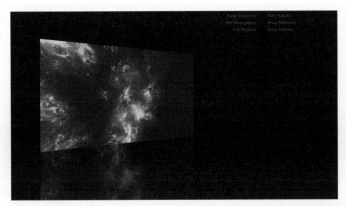

图 5-34

**步骤 02** 完成上述操作后，执行"文件"|"保存"命令，即可保存项目文件。

**步骤 03** 按Ctrl+M组合键，在弹出的"导出设置"对话框中设置"输出名称"，其余参数保持默认，如图5-35所示。

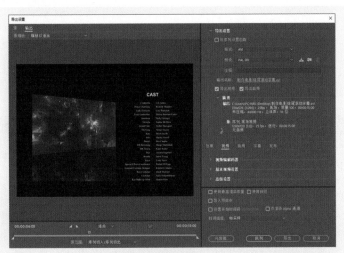

图 5-35

**步骤 04** 单击"确定"按钮，即可对当前项目进行输出，如图5-36所示。

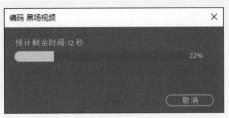

图 5-36

## 5.1　字幕类型 ////////////////////////////////////////////////////////////////////

Premiere Pro中字幕分为3种类型，即静态字幕、滚动字幕及游动字幕。

### 1. 静态字幕

静态字幕是指在默认状态下停留在画面指定位置不动的字幕，如图5-37、图5-38所示。

图 5-37

图 5-38

### 2. 滚动字幕

滚动字幕是指文字在画面中从下往上垂直运动，其运动速度取决于该字幕文件的持续时间，持续时间越长则滚动速度越慢，如图5-39所示。

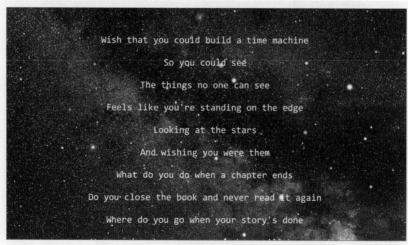

图 5-39

### 3. 游动字幕

游动字幕具有沿画面水平方向运动的特性，其运动方向可以从左至右，也可以从右至左，效果如图5-40、图5-41所示。

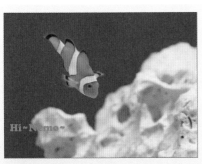

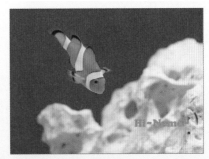

图 5-40                    图 5-41

# 5.2  旧版标题

"旧版标题"沿用了早期版本用于创建影片字幕的功能，适合创建内容简短或具有文字效果的字幕。相比之下，使用"旧版标题"可以更加方便地对文字属性及位置进行调整。

## 5.2.1  字幕设计器

在字幕设计器中，用户可以可进行文字的创建与设计等操作，为文字的编辑带来极大便利。

执行"文件"|"新建"|"旧版标题"命令，会打开"新建字幕"对话框，在该对话框中可以设置字幕素材的基本属性，如图5-42所示。设置参数并单击"确定"按钮后，即可打开字幕设计器，可以看到字幕设计器由字幕工具面板、标题属性面板、字幕对齐面板、主工具栏、标题样式面板组成，如图5-43所示。

图 5-42

主工具栏

字幕工具面板

字幕对齐面板

标题样式面板

标题属性面板

图 5-43

153

**1. 字幕工具面板**

　　字幕工具面板存放着用于创建、编辑文字的工具，使用这些工具可创建和编辑文字文本、绘制和编辑几何图形，如图5-44所示。

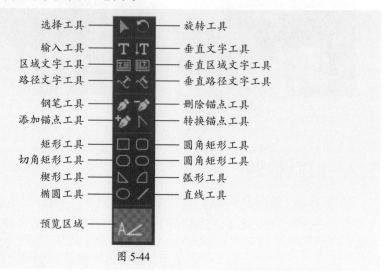

图 5-44

　　面板中各工具的用途详细介绍如下。

● **选择工具**：该工具用于选择和移动文字文本或者图像。快捷键为V键。

● **旋转工具**：该工具用于对文字文本进行旋转操作。使用该工具的快捷键为O键。

● **输入工具**：该工具用于输入水平排列的文字。快捷键为T键。

● **垂直文字工具**：该工具用于输入垂直排列的文字。快捷键为C键。

● **区域文字工具**：该工具用于创建框选区域的水平文字。

● **垂直区域文字工具**：该工具用于创建框选区域的垂直文字。

● **路径文字工具**：该工具用于绘制路径，以便在路径上创建垂直于路径的文字。

● **垂直路径文字工具**：该工具用于绘制路径，以便创建平行于路径的文字。

● **钢笔工具**：该工具用于绘制路径，配合使用快捷键Alt键和Ctrl键，可以对创建的路径进行调整。

● **删除锚点工具**：该工具用于删除路径上选择的定位点。

● **添加锚点工具**：该工具用于在路径上添加定位点。

● **转换锚点工具**：该工具用于转换路径夹角为贝塞尔曲线，或者将贝塞尔曲线转换为路径夹角。

● **矩形工具**：该工具用于在字幕设计区中绘制矩形的图形。快捷键为R键。

● **圆角矩形工具**：该工具用于绘制圆角矩形形状的图形。

● **切角矩形工具**：该工具用于绘制切角矩形形状的图形。

● **楔形工具**：该工具用于绘制三角形形状的图形。

● **弧形工具**：该工具用于绘制扇形形状的图形。快捷键为W键。

● **椭圆工具**：该工具用于绘制椭圆形形状的图形。快捷键为E键。

● **直线工具**：该工具用于绘制直线图形。快捷键为L键。

**2. 标题属性面板**

标题属性面板位于字幕设计器的右侧，可以分为"变换""属性""填充""描边""阴影"及"背景"6个部分，在该面板中可设置字体或者图形的相关参数，如图5-45所示。

标题属性面板每个部分包含的参数都比较多，通过设置参数可以调节文字或图形的样式及效果等。

**（1）"变换"卷展栏**

"变换"卷展栏主要用于设置字幕的透明度、X轴和Y轴方向上的位移参数及字幕的宽度和高度属性，如图5-46所示。

图 5-45

图 5-46

● **透明度**：该参数用于设置字幕的不透明度。取值范围为0.0%～100.0%，默认参数为100%，表示字幕完全不透明。透明度为100.0%和50.0%的对比效果如图5-47、图5-48所示。

图 5-47

图 5-48

● **X位置/Y位置**：用于设置字幕在字幕设计区中的位移参数。设置不同的X位置、Y位置参数时，字幕对比效果如图5-49、图5-50所示。

图 5-49

图 5-50

● **宽度/高度：** 用于控制字幕的宽度和高度。

**（2）"属性"卷展栏**

"属性"卷展栏用于设置字幕文字的大小、字体类型、字间距、行间距、倾斜、扭曲等属性。该卷展栏中的参数如图5-51所示。

图 5-51

- **字体系列：** 该选项用于设置字幕字体的类型。单击该选项右侧的下拉按钮，在弹出的下拉列表中可为选择的字幕替换字体类型。

- **字体样式：** 在设置字体类型之后，在该选项中可以设置字体的具体样式。不过大多数字体类型所包含的字体样式都较少，有的只含有一种字体样式，因此该选项使用较少。

● **字体大小：** 该参数用于设置被选择文字字号的大小，参数值越大，字也就越大。

● **宽高比：** 该参数用于设置字体的宽高比例。

● **行距：** 该参数用于设置文字的行间距或列间距。

● **字偶间距：** 该参数用于设置字与字之间的间距。

● **字符间距：** 该参数可在字距设置的基础上进一步设置字距。默认参数为0，值越大，文字之间的间距越大。如图5-52、图5-53所示为不同的间距效果。

图 5-52

图 5-53

- **倾斜**："倾斜"参数用于设置字幕的倾斜程度。该参数可以为正数，也可以为负数。为正数时，文字向右侧倾斜。

**（3）"填充"卷展栏**

"填充"卷展栏主要用于设置字幕的填充类型、颜色，是否启用纹理填充、纹理填充的类型、纹理的混合、对齐、缩放等参数，如图5-54所示。

- **填充类型**：单击该选项后的下拉按钮，在弹出的下拉列表中可选择需要的填充类型。
- **颜色**：用于设置填充的颜色。不同的填充类型，其填充颜色的设置也不一定相同。

**（4）"描边"卷展栏**

"描边"卷展栏用于为文字添加轮廓线，可以设置文字的内轮廓线和外轮廓线，并提供了"深度""边缘"和"凹进"3种描边方式。单击"添加"按钮会展开相应的参数列表，如图5-55所示。

**（5）"阴影"卷展栏**

"阴影"卷展栏用于为字幕添加阴影效果，包含"颜色""不透明度""距离""角度""大小"等参数，该卷展栏如图5-56所示。

图 5-54

图 5-55

图 5-56

- **颜色**：该参数用于设置字幕阴影的颜色，单击选项后的色块，在弹出的"颜色拾取"对话框中设置颜色参数可控制阴影颜色效果。不同阴影颜色的对比效果如图5-57、图5-58所示。

图 5-57

图 5-58

● **距离**：该参数用于设置字幕阴影与字幕文字之间的距离，该参数值越大，阴影与字幕之间的距离越大。如图5-59、图5-60所示的距离参数值分别为10与20。

图 5-59

图 5-60

**（6）"背景"卷展栏**

"背景"卷展栏用于为字幕添加背景，可以设置背景的填充类型、颜色、角度、光泽和纹理等，如图5-61所示。

图 5-61

**3. 字幕对齐面板**

字幕对齐面板中的各个按钮主要用于快速排列或者分布文字，如图5-62所示。

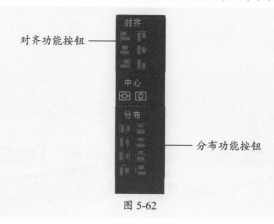

图 5-62

面板中各工具的用途详细介绍如下。

● **水平靠左对齐**：该工具用于以选中文字的左水平线为基准对齐。

- **水平居中对齐**：该工具用于以选中文字的水平中心线为基准对齐。
- **水平靠右对齐**：该工具用于以选中文字的右水平线为基准对齐。
- **垂直靠上对齐**：该工具用于以选中文字的顶部水平线为基准对齐。
- **垂直居中对齐**：该工具用于以选中文字的水平中心线为基准对齐。
- **垂直靠下对齐**：该工具用于以选中文字的底部水平线为基准对齐。
- **水平居中**：该工具用于将选中文字移动到设计区水平方向的中心。
- **垂直居中**：该工具用于将选中文字移动到设计区垂直方向的中心。
- **垂直左分布**：该工具用于以选中文字的左垂直线为基准分布文字。
- **水平顶分布**：该工具用于以选中文字的顶部线为基准分布文字。
- **垂直中心分布**：该工具用于以选中文字的垂直中心为基准分布文字。
- **水平中心分布**：该工具用于以选中文字的水平中心线为基准分布文字。
- **垂直右分布**：该工具用于以选中文字的右垂直线为基准分布文字。
- **水平底分布**：该工具用于以选中文字的底部线为基准分布文字。
- **水平平均分布**：该工具用于以字幕设计区垂直中心线为基准分布文字。
- **垂直平均分布**：该工具用于以字幕设计区水平中心线为基准分布文字。

**4. 主工具栏**

主工具栏位于字幕设计器的顶部，提供了较为常用的字幕参数，如字体、大小、间距等，如图5-63所示。

图 5-63

单击"滚动/游动"按钮，会打开"滚动/游动选项"对话框，如图5-64所示。用户可通过该对话框设置文字运动方式和起始位置。

图 5-64

**5. 标题样式面板**

标题样式面板位于字幕设计器的下方，该面板中提供了多种预设字体样式，便于用户选择，如图5-65所示。选择某一字体样式后再输入文字，即可创建带有所选预设字体效果的文字。

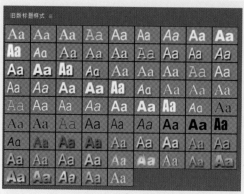

图 5-65

## 5.2.2　设计字幕

字幕设计器的功能非常强大，包含了几乎所有的文字编辑功能，如文字的输入、选择文字、设置文字的位置与尺寸，以及为字体添加颜色、描边、阴影、纹理、应用样式效果等。利用字幕设计器中的命令与工具，能够制作出各种炫丽的字幕。

### 1. 设置字体类型

在Premiere中，为方便用户控制字幕字体样式或者方便用户制作出字体类型多元化的字幕效果，系统提供了控制字幕字体类型的组件。打开字幕设计器之后，在字幕设计区中输入字幕文字、常见字幕，可设置字幕的字体类型。

在字幕设计器中，选择需要替换的文字后，在上部的工具栏中单击字体类型下拉按钮，在弹出的字体类型下拉列表中，为选中的文字选择一种字体，即可为文字替换字体类型，如图5-66、图5-67所示。

图 5-66

图 5-67

**2. 设置字体颜色**

字体颜色是画面中重要的视觉元素，对整个画面效果的影响非常大。

在字幕设计区中选择字幕之后，通过"旧版标题属性"面板的"填充"卷展栏设置"填充类型"和"颜色"参数，可以制作出多种视觉效果的字幕。单击"填充类型"下拉按钮，可以看到列表中提供了"实底""线性渐变""径向渐变""四色渐变""斜面""消除""重影"共7种类型，如图5-68所示。

图 5-68

- **实底**：选择该类型，字幕将以单一颜色显示，用户可以通过设置不同的颜色来调整字幕的颜色。设置如图5-69所示的颜色参数，字幕效果如图5-70所示。

图 5-69

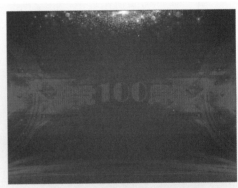

图 5-70

- **线性渐变**：选择该类型之后，"颜色"选项也会发生变化，由两种颜色控制字幕颜色渐变效果。如图5-71、图5-72所示为填充颜色设置和字幕效果。

图 5-71

图 5-72

- **径向渐变**：选择该字幕颜色填充类型，通过设置字幕颜色，能制作出圆形渐变的字幕效果。如图5-73、图5-74所示为填充颜色设置和字幕效果。

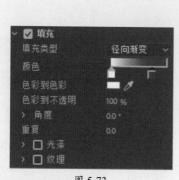

图 5-73

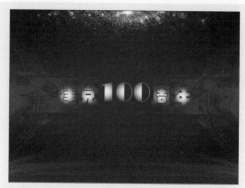

图 5-74

- **四色渐变**：选择该字幕颜色填充类型之后，"颜色"选项将变为四角可控制的控件，通过为四角设置不同的颜色参数，可制作出四种颜色相互渐变的字幕。如图5-75、图5-76所示为填充颜色设置和字幕效果。

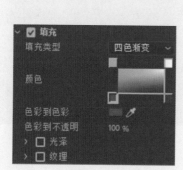

图 5-75

图 5-76

- **斜面**：选择该字幕颜色填充类型，字幕文字部分会产生立体的浮雕效果。该填充类型常用于制作浮雕文字效果。如图5-77、图5-78所示为填充颜色设置和字幕效果。

图 5-77

图 5-78

- **消除**：选择该填充类型后，文字会消失。

● **重影**：选择该填充类型后，会去除文字的填充，文字也会消失。

**3. 添加描边效果**

描边效果即为沿着文字笔画的边缘，向内或者向外填充与字体本身颜色不同的颜色，作为文字的边缘。向内填充颜色叫作内描边，向外填充颜色叫作外描边。设置文字描边效果的参数位于"旧版标题属性"面板的"描边"卷展栏中，如图5-79所示。

默认情况下，该卷展栏中只有"内描边"和"外描边"两个参数，并且这两个参数下没有子参数，表示当前字幕并没有应用描边效果。单击参数右侧的"添加"按钮即可为文字添加相应的描边效果，参数面板如图5-80所示。

图 5-79 图 5-80

● **类型**：描边类型包括"深度""边缘""凹进"3种。如图5-81、图5-82所示为"深度"和"边缘"类型的描边效果。

图 5-81

图 5-82

● **大小**：该参数用于设置描边宽度。

**4. 使用字幕样式**

在前面小节中，已经介绍了创建字幕、设置基本参数、添加各种艺术效果等的方法，但是调节如此多的参数来制作字幕效果是比较烦琐的，而标题样式面板的应用将使字幕设计工作变得简单而轻松。

在"旧版标题样式"面板中，用户可以看到一些字体样式的缩略图，并没有其他的控制按钮，因此在这里有必要向读者介绍该面板中的各种命令以及为字幕应用样式的方法。

**（1）右击已有字幕样式**

在"旧版标题样式"面板单击鼠标右键，会弹出快捷菜单，如图5-83所示。

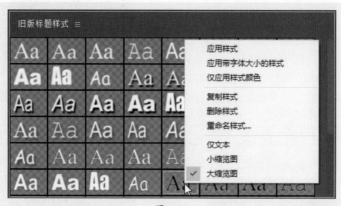

图 5-83

菜单中各选项的含义介绍如下。

● **应用样式**：选择该命令后，将当前的字幕样式完全应用于字幕。

● **应用带字体大小的样式**：选择该命令后，在应用当前字幕样式的同时，为字幕文字应用文字大小属性。

● **仅应用样式颜色**：选择该命令后，仅将当前字幕样式的颜色应用于字幕，字幕样式的字体类型、字体大小等属性将不应用于字幕。

● **复制样式**：选择该命令后，可对当前的样式进行复制。

● **删除样式**：选择该命令后，即可将当前被选择的样式删除。

● **重命名样式**：选择该命令后，即可在弹出的"重命名样式"对话框中重命名字幕样式。

● **仅文本**：选择该命令后，面板中的所有字幕样式以文本的样式显示。

● **小缩览图**：选择该命令后，面板中的所有字幕样式以小缩览图的方式显示。

● **大缩览图**：为方便用户预览面板中的字幕样式。默认参数下，Premiere将字幕样式以大缩览图的方式显示。

知识链接　　上述介绍的"仅文字""小缩览图""大缩览图"三个选项，并不能对字幕样式面板中的字幕样式产生质的影响，仅仅是控制样式在该面板中的显示效果。

**（2）右击面板空白处**

若在面板空白处单击鼠标右键，将打开如图5-84所示的快捷菜单。右键菜单中各选项的含义介绍如下。

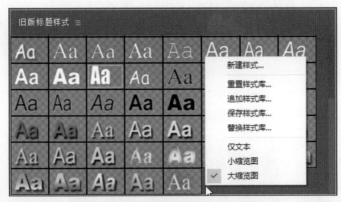

图 5-84

- **新建样式**：执行该命令，将当前制作的字幕样式新建为一种新的样式，并在面板中显示。
- **重置样式库**：该命令主要用于将当前面板中显示的样式库重置为默认状态。
- **追加样式库**：该命令主要用于将外部样式库添加到当前的样式库中。
- **保存样式库**：执行该命令，可将当前的字幕样式库进行保存，方便以后调用。
- **替换样式库**：执行该命令以后，在弹出的"打开样式库"对话框中打开样式库文件，可更新当前的字幕样式库。

# 5.3　开放式字幕

开放式字幕又被称为对白字幕，并可以被刻录到视频流中（与隐藏字幕相比，后者可由观众选择设置为显示或不显示）。

**1. 创建开放式字幕**

执行"文件"|"新建"|"字幕"命令，或者在"项目"面板中单击"新建项"按钮，在弹出的列表中选择"字幕"选项，如图5-85所示。系统会打开"新建字幕"对话框，用于设置字幕标准类型、时基等参数。

图 5-85

这里的字幕类型包括CEA-608、CEA-708、图文电视、开放字幕、澳大利亚、开放字幕共6种，最常用的是"开放式字幕"，如图5-86所示。

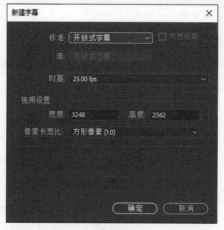

图 5-86

单击"确定"按钮，会在"项目"面板中创建开放式字幕素材，将其拖至视频轨道，即可在"节目"监视器面板中看到默认的字幕，如图5-87、图5-88所示。

图 5-87

图 5-88

**2. 编辑开放式字幕**

在"项目"面板中双击字幕素材，会自动切换到"字幕"面板，如图5-89所示。在"字幕"面板中，用户可以修改字幕文字的文本格式（如文本颜色、大小、位置、背景颜色等）。

图 5-89

# 5.4 新版字幕

Premiere Pro的新版字幕功能改变了以往的字幕创建方式，能够快速地创建字幕，又称为快捷字幕。

**1. 创建快捷字幕**

在字幕工具面板中单击"文字工具"，接着在"节目"监视器面板中单击并输入文字，即可创建字幕，如图5-90所示。也可以执行"图形"|"新建图层"|"文本"命令，系统会自动在"时间轴"面板中创建一个文本图层，默认内容为"新建文本图层"，修改图层内容即可，如图5-91所示。

图 5-90

图 5-91

**2.编辑新版字幕**

选中创建的新版字幕,用户可以在"效果控件"面板中设置文字属性,包括字体、大小、字距、颜色等,如图5-92所示。

此外,用户也可以在"基本图形"面板中设置文字属性。选中字幕,在"基本图形"面板中切换到"编辑"选项卡,在列表中单击要编辑的字幕,其下方会自动显示"对齐并变换""文本""外观"等卷展栏,用于设置文字的位置、比例、字体、大小、字距、颜色等参数,如图5-93所示。

图 5-92

图 5-93

# 自己练／制作文字消散效果

**案例路径** 云盘＼实例文件＼第5章＼自己练＼制作文字消散效果

**项目背景** 文字在视频剪辑中的应用较为频繁，在很多影视片头中都可以看到文字逐渐浮现又消散变成粉尘的效果。本案例将使用文字结合粒子消散素材和"裁剪"特效制作出文字消散的效果，使读者进一步掌握文字的应用与编辑。

**项目要求** ①选择合适的视频素材。

②使用和视频场景相符的文字内容。

③准备一个粒子消散的视频素材。

**项目分析** 创建字幕，利用"剃刀工具"将字幕素材分成三个片段。为第一个片段添加"高斯模糊"特效，制作文字由模糊到清晰的关键帧动画；为第三个片段添加"裁剪"特效，制作文字逐渐消失的关键帧动画。调整粒子素材的大小和位置，使其随着文字的消失而消散，如图5-94所示。

图 5-94

**课时安排** 2课时。

*Premiere Pro*

第**6**章

# 音频剪辑详解

## 本章概述

　　在一部完整的影视作品中，无论是同期的配音、后期的效果，还是背景音乐都是必不可少的角色。适当的背景音乐可以给人们带来喜悦或神秘的感觉。本章将着重介绍如何使用Premiere Pro为影视作品添加声音效果、进行音频剪辑的等操作。通过对本章内容的学习，读者能够熟悉音频剪辑的理论知识，并能够熟练地进行应用。

## 要点难点

- 音频分类 ★☆☆
- 音频控制台 ★☆☆
- 编辑音频 ★★☆
- 音频特效 ★★★

# 跟我学 制作水下音效

不同的音频特效会使声音发生各种各样的变化，在编辑音频特效时，可以跟随视频场景产生一定的变化，比如音频在真空空间、水中、空旷的环境中时效果都是不同的。本案例将利用"低通"特效制作一个入水出水的音效。

效果预览

案例路径 云盘\实例文件\第6章\跟我学\制作水下音效

## 1. 新建项目和序列

步骤 01 新建项目，在"新建项目"对话框中设置项目存储位置和项目名称，如图6-1所示。

步骤 02 在"项目"面板空白处双击鼠标，打开"导入"对话框，选择要使用的素材文件，如图6-2所示。

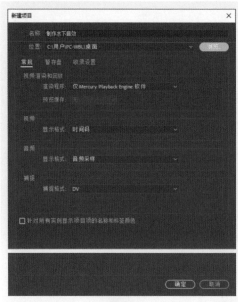

图 6-1

图 6-2

**步骤 03** 单击"打开"按钮将素材导入到"项目"面板，如图6-3所示。

**步骤 04** 在"项目"面板中选择并双击"01.mp4"素材，将其在"源"监视器面板中打开，如图6-4所示。

图 6-3　　　　　　　　　　　　　　图 6-4

## 2. 编辑视频素材

**步骤 01** 保持时间指示器在视频起点，单击"标记入点"按钮指定新的入点，如图6-5所示。

**步骤 02** 移动时间指示器至00:00:04:01，单击"标记出点"按钮定义新的出点，如图6-6所示。

图 6-5　　　　　　　　　　　　　　图 6-6

**步骤 03** 将新定义的素材片段拖入"时间轴"面板的V1轨道，如图6-7所示。

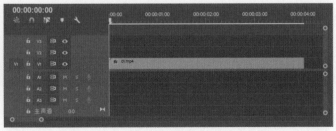

图 6-7

步骤 04 按空格键预览视频，可以看到当前视频画面较慢。右键单击"01.mp4"视频素材，在弹出的快捷菜单中选择"速度/持续时间"命令，打开"剪辑速度/持续时间"对话框，设置新的"持续时间"参数，如图6-8所示。

步骤 05 单击"确定"按钮，即可缩短视频播放时间为2s，加快视频播放速度，如图6-9所示。

图 6-8

图 6-9

步骤 06 按空格键预览视频可以看到播放效果。

步骤 07 在"合成"面板中双击"02.mp4"视频素材，然后在"源"监视器面板中定义新的视频片段，如图6-10所示。

图 6-10

步骤 08 将新定义的片段拖入"时间轴"面板的V1轨道，衔接在"01.mp4"视频片段后，如图6-11所示。

图 6-11

**步骤 09** 按照同样的操作方法，设置该视频片段的持续时间设置为2s，如图6-12所示。

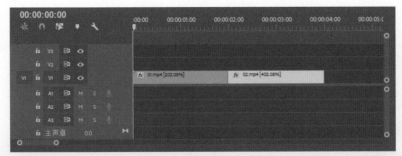

图 6-12

**步骤 10** 当前片段在"节目"监视器面板中的效果如图6-13所示。

**步骤 11** 选择视频素材片段，在"效果控件"面板中设置"缩放"参数为150，如图6-14所示。

图 6-13

图 6-14

**步骤 12** 设置完成后，"节目"监视器面板效果如图6-15所示。

图 6-15

**步骤13** 按照上述操作方法分别截取素材 "03.mp4" ~ "06.mp4" 的片段，如图6-16、图6-17、图6-18、图6-19所示。

图 6-16                                    图 6-17

图 6-18                                    图 6-19

**步骤14** 将视频片段分别拖入 "时间轴" 面板的V1轨道，按顺序排列，如图6-20所示。

图 6-20

**步骤15** 调整 "05.mp4" 素材片段的时长和缩放比例，再调整 "06.mp4" 素材片段的时长，如图6-21所示。

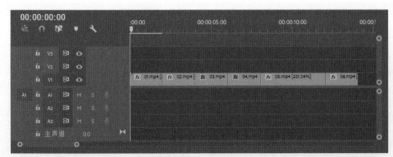

图 6-21

### 3. 编辑音频素材

**步骤 01** 将"背景音乐.mp3"音频素材拖入"时间轴"面板的A1轨道,然后将时间指示器移动至视频素材结尾处,单击"剃刀工具",沿时间线裁剪音频,并删除后半段音频,如图6-22所示。

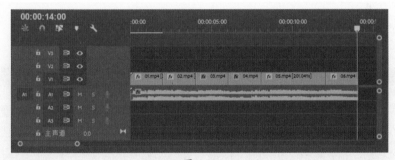

图 6-22

**步骤 02** 移动时间指示器至视频人物入水时,再单击"剃刀工具",沿时间线裁剪音频,如图6-23所示。

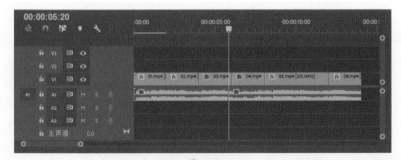

图 6-23

**步骤 03** 在"效果"面板中搜索"低通"效果,并将其添加到音频素材的后一片段。

**步骤 04** 选择音频片段,打开"效果控件"面板,展开"低通"特效属性列表,单击"屏蔽度"属性左侧的"切换动画"按钮,添加第一个关键帧,并设置参数为900Hz,如图6-24所示。

步骤 05 将时间指示器移动至00:00:08:00，为"屏蔽度"属性添加第二个关键帧，属性参数不变，如图6-25所示。

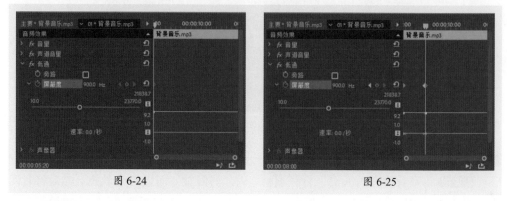

图 6-24                                                    图 6-25

步骤 06 移动时间指示器至人物出水时，为"屏蔽度"属性添加关键帧，设置属性参数为最大值，如图6-26所示。

步骤 07 在人物入水之前的时间点，继续添加关键帧，属性参数不变，如图6-27所示。

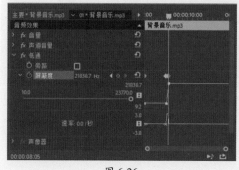  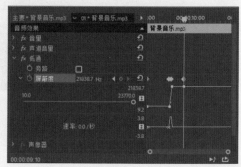

图 6-26                                                    图 6-27

步骤 08 按照这个规律再继续添加多个关键帧，如图6-28所示。

步骤 09 按空格键播放视频，即可听到人物入水出水的音效变化。

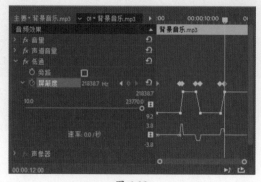

图 6-28

**步骤 10** 从"效果"面板中选择"指数淡化"特效,添加到音频的开始和结束位置,如图6-29所示。

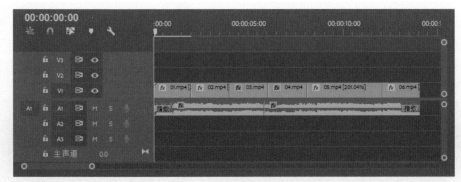

图 6-29

**步骤 11** 在"项目"面板中双击"气泡音效.mp3",在"源"监视器面板中打开音频素材,如图6-30所示。

**步骤 12** 标记新的入点和出点,如图6-31所示。

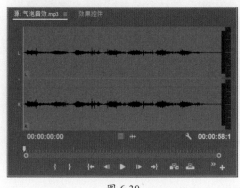

图 6-30                                          图 6-31

**步骤 13** 单击"仅拖动音频"按钮,将音频片段拖入"时间轴"面板的A2轨道,与A1轨道第二段音频片段的起点对齐,如图6-32所示。

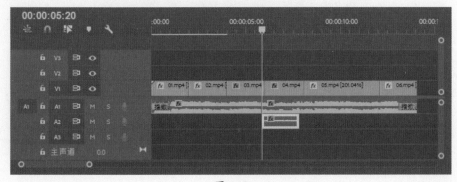

图 6-32

步骤14 按Enter键渲染视频，在"节目"监视器面板中预览音视频效果。

### 4. 保存编辑项目

步骤01 执行"文件"|"保存"命令保存项目。

步骤02 按Ctrl+M组合键打开"导出设置"对话框，设置输出名称及路径，如图6-33所示。

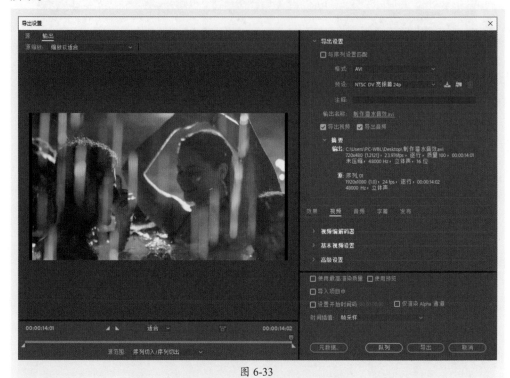

图 6-33

步骤03 单击"导出"按钮，即可对当前项目视频进行输出，如图6-34所示。

图 6-34

听 我 讲 ▶ Listen to me

## 6.1 音频的分类

在Premiere Pro中能够新建单声道、立体声和5.1声道3种类型的音频轨道，并且其每种轨道只能添加相对应类型的音频素材。

### ❶ 单声道

单声道的音频素材只包含一个音轨，其录制技术是最早问世的音频制式，若使用双声道的扬声器播放单声道音频，两个声道的声音完全相同。单声道音频素材在"源监视器"面板中的显示效果如图6-35所示。

### ❷ 立体声

立体声是在单声道的基础上发展起来的，该录音技术至今依然被广泛使用。在使用立体声录音技术录制音频时，使用左、右两个单声道系统，将两个声道的音频信息分别记录，可以准确再现声源点的位置及其运动效果，其主要作用是为声音定位。立体声音频素材在"源监视器"面板中的显示效果如图6-36所示。

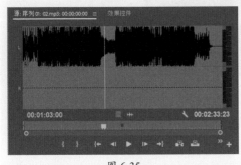

图 6-35

图 6-36

### ❸ 5.1 声道

5.1声道录音技术是美国杜比实验室在1994年发明的，因此该技术最早名称即为杜比数码Dolby Digital（俗称AC-3）环绕声，主要应于电影的音效系统，是DVD影片的标准音频格式。

5.1声道系统采用高压缩的数码音频压缩系统，能在有限的范围内将5+0.1声道的音频数据全部记录在合理的频率带宽之内。5.1声道包括左、右主声道，中置声道，右后、左后环绕声道以及一个独立的超重低音声道。由于超重低音声道仅提供100Hz以下的超低音信号，该声道只被看作是0.1个声道，因此杜比数码环绕声又简称5.1声道环绕声系统。

# 6.2 音频控制台

在诸多的影视编辑软件中，Premiere Pro具有非常出色的音频控制能力，除了可在多个面板中使用多个方法编辑音频素材外，还为用户提供了专业的音频控制面板——"音轨混合器"面板。

## 6.2.1 音轨混合器

"音轨混合器"面板可以实时混合序列面板中各轨道的音频对象，如图6-37所示。"音轨混合器"面板由若干个轨道音频控制器、主音频控制器和播放控制器组成，每个控制器由控制按钮、调节滑块调节音频。通过该面板，用户可更直观地对多个轨道的音频进行添加特效、录制等操作。

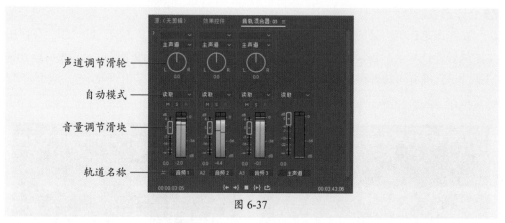

声道调节滑轮 ——

自动模式 ——

音量调节滑块 ——

轨道名称 ——

图 6-37

下面介绍"音轨混合器"面板中的工具选项、控制方法及工具栏。

（1）轨道名称

在该区域中，显示了当前编辑项目中所有音频轨道的名称。用户可以通过"音轨混合器"面板对轨道名称进行编辑。

（2）自动模式

在每个音频轨道名称的上面，都有一个"自动模式"按钮，单击该按钮，即可打开当前轨道的多种自动模式，可读取音频调节效果或实时记录音频调节，其中包括"关""读取""闭锁""触动"和"写入"，如图6-38所示。

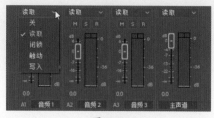

图 6-38

（3）声道调节滑轮

"自动模式"按钮上方是声道调节滑轮，该控件用于控制单声道中左右音量的大小。在使用声道调节滑轮调整声道左右音量大小时，可以通过左右旋转控件及设置参数值等方式进行音量的调整。

（4）音量调节滑块

音量调节滑块主要用于控制单声道中总体音量的大小。每个轨道下都有一个音量控件，包括主音轨。

除了上面介绍的几个大的控件以外，"音轨混合器"面板中还有几个体积较小的控件，如"静音轨道"按钮M、"独奏轨道"按钮S和"启用轨道以进行录制"按钮R等。

- **"静音轨道"按钮**：用于控制当前轨道是否静音。在播放素材的过程中，单击"静音轨道"按钮，即可将当前音频静音，方便用户比较编辑效果。
- **"独奏轨道"按钮**：用于控制其他轨道是否静音。选中"独奏轨"按钮，其他未选中独奏按钮的轨道音频会自动设置为静音状态。
- **"启用轨道以进行录制"按钮**：可以利用输入设备将声音录制到目标轨道上。

## 6.2.2　音频关键帧

在"时间轴"面板中，与创建关键帧有关的工具主要有"显示关键帧"按钮和"添加-移除关键帧"按钮。

（1）"显示关键帧"按钮

"显示关键帧"按钮主要用于控制轨道中显示的关键帧类型。单击该按钮，即可打开关键帧类型，如图6-39所示。

（2）"添加-移除关键帧"按钮

"添加-移除关键帧"按钮主要用于在轨道中添加或者移除关键帧，如图6-40所示。

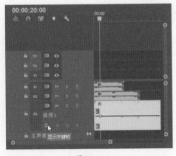

图 6-39

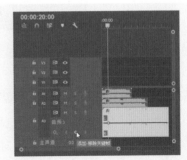

图 6-40

💬 **技巧点拨**

在素材的某一位置，单击"添加-移除关键帧"按钮，即可添加一个关键帧；若再次在该时刻单击"添加-移除关键帧"按钮，可移除当前时刻的关键帧。

## 6.3 编辑音频 ///////////////////////////////////////////////////

用户可以对音频素材进行一些简单的编辑，如设置音频单位格式、解除音频与视频的链接、调整音频播放速度、调整音频增益等，下面向读者介绍音频素材的编辑方法。

### 6.3.1 设置音频单位格式

在监视器面板中编辑素材时，标准单位是"视频帧"。对于视频素材而言，默认的测量单位已经足够，但对于音频素材来说，则需要更加精确。如果想要编辑一段长度小于一帧的声音，用户就可以使用与帧对应的音频单位来显示音频时间。

执行"文件"|"项目设置"|"常规"命令，打开"项目设置"对话框，在"音频"选项组中可以设置音频单位的格式为"音频采样"或"毫秒"，如图6-41所示。

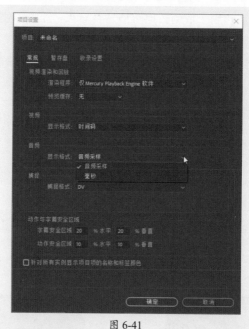

图 6-41

### 6.3.2 解除音频与视频的链接

默认情况下，带音视频素材的视频和音频是链接状态，在"时间轴"面板中选中音视频素材时，会同时选中视频和音频对象。进行移动、删除等操作时，也会同时应用到两个对象。

用户在编辑带视频的音频素材之前，可以根据需要解除视频和音频的链接。在"时间轴"面板中选择带音视频素材，再单击"链接选择项"按钮，即可解除音频与视频的链接。也可以执行"剪辑"|"取消链接"命令，或单击鼠标右键，在弹出的快捷菜单中，选择"取消链接"命令。

### 6.3.3 调整音频播放速度

在Premiere Pro中，用户同样可以像调整视频素材的播放速度一样，改变音频的播放速度，且可在多个面板中使用多种方法进行操作。在此将介绍通过执行"速度/持续时间"命令来调整播放速度。执行"速度/持续时间"命令可以从以下几个途径进行。

（1）通过"项目"面板

在"项目"面板中执行"速度/持续时间"命令，首先需要在该面板中选择需要设置的素材，如图6-42所示。之后再单击鼠标右键，在弹出的快捷菜单中执行"速度/持续时间"命令即可，如图6-43所示。

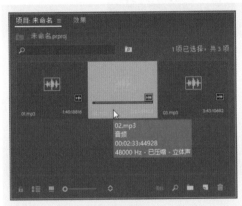

图 6-42                        图 6-43

（2）通过"源"监视器面板

在"源"监视器面板中，要执行"速度/持续时间"命令，首先将要调整的音频素材在"源监视器"面板中打开，如图6-44所示。之后在"源监视器"面板的预览区中单击鼠标右键，在弹出的快捷菜单中执行"速度/持续时间"命令即可，如图6-45所示。

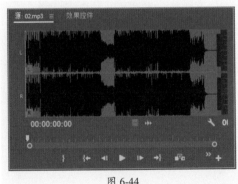
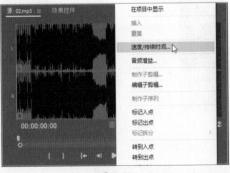

图 6-44                        图 6-45

（3）通过"时间轴"面板

"时间轴"面板是Premiere中最主要的编辑面板，在该面板中可以按照时间顺序排列和连接各种素材，可以剪辑片段和叠加图层、设置动画关键帧和合成效果等。

在"时间轴"面板中，执行"速度/持续时间"命令比较简单，首先将素材插入到"时间轴"面板并选择素材，如图6-46所示。再单击鼠标右键，在弹出的快捷菜单中执行"速度/持续时间"命令即可，如图6-47所示。

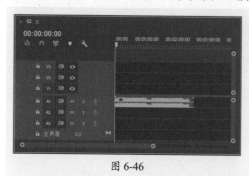

图 6-46

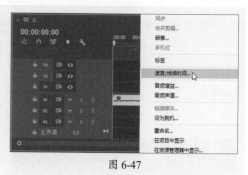

图 6-47

**（4）通过菜单栏**

在"剪辑"菜单中，命令主要用于对素材文件进行常规的编辑操作，当然也包括"速度/持续时间"命令。

在选择"速度/持续时间"命令之前，首先需要选择素材，用户可以在"项目"面板、"源"监视器面板或者"时间轴"面板中选择素材，然后执行"剪辑"|"速度/持续时间"命令，如图6-48所示。

通过以上方法执行"速度/持续时间"命令后，在弹出的"剪辑速度/持续时间"对话框中设置素材的播放速度，如图6-49所示。

图 6-48

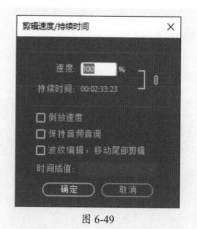

图 6-49

## 6.3.4 调整音频增益

音频增益是指音频信号电平的强弱，其直接影响音量的大小。若在"时间轴"面板中的多条轨道上都有音频素材文件，此时就需要平衡这几个音频轨道的增益。

下面将通过对浏览音频增益面板与调节音频增益强弱命令的介绍，向读者讲解调整素材音频增益效果的方法。

（1）浏览音频增益面板

在Premiere Pro中，用于浏览音频素材增益强弱的面板是"音频仪表"面板，该面板只能用于浏览，而无法对素材进行编辑调整，如图6-50所示。

**知识链接**　若需要突显某个轨道中的音频声音，可以增大该轨道中音频素材的增益，反之亦然；若同一轨道中有多个音频片段，就需要为其添加音频增益来平衡各个音频素材的音量，避免声音时大时小。

将音频素材插入到"时间轴"面板，在"节目"监视器面板中播放音频素材时，在"音频仪表"面板中将以两个柱状来表示当前音频的增益强弱，音频音量在正常范围内时，柱状显示为绿色，如图6-51所示；若音频音量有超出安全范围的情况，柱状将显示出红色，如图6-52所示。

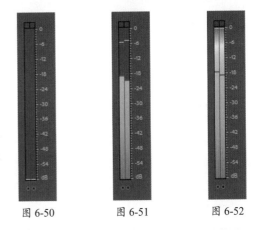

图 6-50　　　　图 6-51　　　　图 6-52

💬 **技巧点拨**

在主声道面板中，打开"音频仪表"面板后，按空格键即可在该面板中播放素材。

（2）调节音频增益强弱的命令

调节音频增益强弱的命令主要指的是"音频增益"命令，执行"剪辑"|"音频选项"|"音频增益"命令，如图6-53所示。打开如图6-54所示的"音频增益"对话框，从中进行相应的设置即可完成指定的操作。

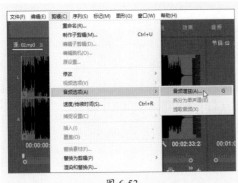

图 6-53

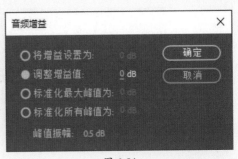

图 6-54

# 6.4 音频特效

在Premiere Pro中，不仅视频图像可以被添加各种特效，声音也同样可以添加各种特效，如淡入淡出效果、摇摆效果以及Premiere自带的音频效果。本节将对常用的一些特效的应用进行介绍。

## 6.4.1 音频过渡

如视频转场一样，音频也有转场过渡效果。用户可以通过关键帧控制音量的方法完成音频淡入淡出效果的设置，也可以直接使用音频过渡特效。音频过渡效果与视频过渡效果的使用方法相似，可添加在音频剪辑的头尾或相邻音频剪辑处，使音频产生淡入淡出的效果。

在"效果"面板的"音频过渡"卷展栏仅有一个"交叉淡化"文件夹，该文件夹下提供了"恒定功率""恒定增益"和"指数淡化"3种音频过渡效果。

- **恒定功率**：该过渡效果用于以交叉淡化创建平滑渐变的过渡，与"视频过渡"卷展栏中的溶解过渡特效类似。
- **恒定增益**：该过渡效果用于以恒定速率更改音频进出的效果。
- **指数淡化**：该过渡效果会以指数方式用自下而上的方式淡入音频。

除特殊制作要求外，在一段音频的开始和结束位置均需使用淡入淡出过渡效果，以防止声音的突然出现和突然结束。未使用淡入淡出过渡效果的音频素材如图6-55所示，使用了淡入淡出过渡效果的音频素材如图6-56所示。

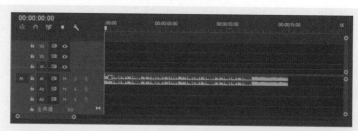

图 6-55

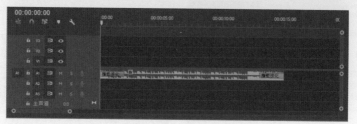

图 6-56

视频制作过程中，对于插入的音乐，在开始与结尾需要利用音频过渡特效制作淡入淡出的效果。下面以"指数淡化"特效为例，介绍具体操作方法。

**步骤 01** 新建项目，导入音频素材，如图6-57所示。

**步骤 02** 双击音频素材，在"源"监视器面板中打开音频，如图6-58所示。

图 6-57

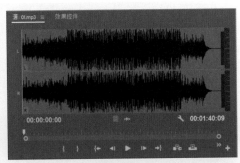

图 6-58

**步骤 03** 移动时间指示器，重新标记入点和出点，如图6-59所示。

**步骤 04** 单击"仅拖动音频"按钮，将标记的音频片段拖到"时间轴"面板的A1轨道，如图6-60所示。

图 6-59

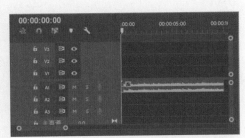

图 6-60

**步骤 05** 在"效果"面板的"音频过渡"卷展栏下，选择"指数淡化"特效，如图6-61所示。

**步骤 06** 将该特效分两次拖曳至"时间轴"面板音频素材的起点和结尾位置，如图6-62所示。

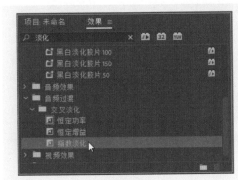

图 6-61

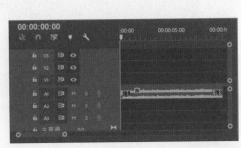

图 6-62

**步骤 07** 选择起点位置的特效图标，打开"效果控件"面板，重新设置该特效的"持续时间"，同样再设置音频结尾的特效参数，如图6-63所示。

**步骤 08** 设置完毕后，在"时间轴"面板中可以看到特效的时长变化，如图6-64所示。

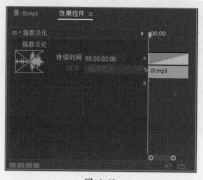

图 6-63

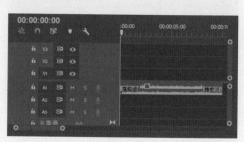

图 6-64

**步骤 09** 按空格键即可播放音频素材淡入淡出的效果。

## 6.4.2　摇摆效果

音频摇摆效果是指音频素材的声音从一个声道移动到另一个声道中。Premiere对立体声音频素材进行剪辑时，摇摆控制的是立体声声道的均衡度。下面介绍音频摇摆效果的设置步骤。

**步骤 01** 新建项目，在"合成"面板中导入立体声音频素材，并将其拖入"时间轴"面板，如图6-65所示。

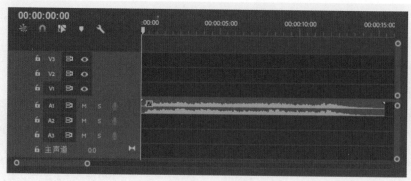

图 6-65

**步骤 02** 调整音频轨道宽度，如图6-66所示。

图 6-66

**步骤 03** 单击轨道左侧的"显示关键帧"按钮，在展开的菜单中选择"轨道声像器"|"平衡"命令，如图6-67所示。

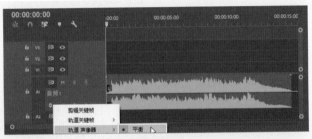

图 6-67

**步骤 04** 保持时间指示器在起点位置，单击"添加-移除关键帧"按钮添加关键帧，并调整关键帧位置，如图6-68所示。

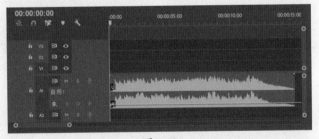

图 6-68

**步骤 05** 移动时间指示器到00:00:02:00，添加关键帧并调整位置，如图6-69所示。

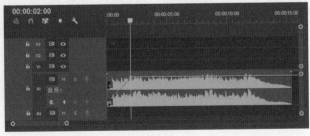

图 6-69

步骤 06 按照规律继续添加关键帧，使音频的平衡点从左声道到右声道依次交错，如图6-70所示。

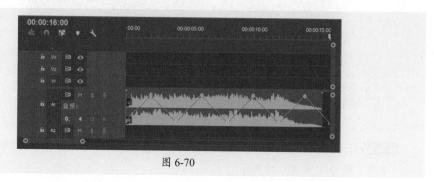

图 6-70

步骤 07 按空格键播放音频，即可听到左右声道交错播放的摇摆效果。

# 6.4.3 音频效果

Premiere Pro中的音频类型包括5.1、立体声和单声道3种，每个类型都有各自适用的音频效果。"效果"面板中提供了50多种声音特效，只需将其拖曳至音频素材的入点或出点位置，然后在"效果控件"面板中进行具体设置即可，如图6-71、图6-72所示。

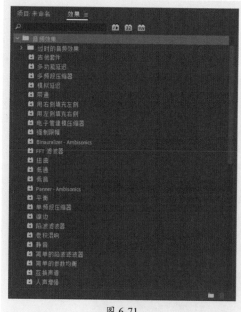

图 6-71

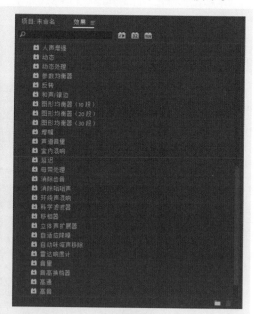

图 6-72

**1. 常见的音频处理方法**

- **音量：** 通过调整百分比或分贝数值来改变音量大小。
- **降噪：** 降低或消除环境素材上的机器噪声、环境噪声或外声等杂声。一般用快速傅里叶变换算法（FFT滤波器）采样降噪，可以自动发现噪声并将其移除。

- **平衡：** 对素材的频率进行音量的提升或衰减，以均衡音质。
- **合唱：** 通过对声音的重叠，并进行加宽加厚，产生多人合唱的效果。
- **延迟：** 这是声音特效中常用的一种处理方法，可以模拟不同延时时间的反射声，会产生一种空间感。
- **混响：** 模拟自然混响，从而表现出不同的空间特征，营造出一种现场的感觉。

## ▌2 常用音频特效

- **延迟/多功能延迟：** "延迟"效果可以使音频剪辑产生回音效果，"多功能延迟"特效可以产生4层回音，通过参数设置，可以对每层回音发生的延迟时间与程度进行控制。
- **带通：** 该效果可以消除音频素材中不需要的高低波段频率。
- **用右侧填充左侧/用左侧填充右侧：** 将音频素材左声道的音频信号复制并替换到右声道，或者将右声道的音频信号复制并替换到左声道。仅应用于立体声音频剪辑。
- **低通：** 用于删除高于指定频率界限的频率，使音频产生浑厚的低音音场效果。
- **低音：** 用于提升音频波形中低频部分的音量，使音频产生低音增强效果。
- **平衡：** 只能用于立体声音频素材，用于控制左右声道的相对音量。
- **卷积混响/室内混响/环绕声混响：** "卷积混响"特效可重现从衣柜到音乐厅的各种逼真的空间效果，基于卷积的混响使用脉冲文件模拟声学空间。"室内混响"特效可以模拟声学空间，速度更快，且占用处理器资源较低。"环绕声混响"特效主要用于5.1音源，也可为单声道或立体声音源提供环绕声环境。
- **互换声道：** 切换左右声道信息的位置。仅应用于立体声剪辑。
- **反转：** 反转所有声道的相位。此效果适用于 5.1、立体声或单声道剪辑。
- **声道音量：** 可用于独立控制立体声、5.1 剪辑或轨道中的每条声道的音量。每条声道的音量级别以分贝衡量。
- **自动咔嗒声移除：** 为音频素材自动降低或消除各种噪声，其中20Hz以下的音频都会被自动消除掉。
- **音高换挡器：** 用来调整音频的输入信号基调，使音频波形产生扭曲的效果，通常用于处理人物语言的声音，改变音频的播放音色。
- **高通：** 用于删除低于指定频率界限的频率，使音频产生清脆的高音音场的效果。
- **高音：** 用于提升音频波形中高频部分的音量，使音频产生高音增强效果。

# 自己练／制作声音延长混响效果

**案例路径** 云盘＼实例文件＼第6章＼自己练＼制作声音延长混响效果

**项目背景** 在使用Premiere Pro编辑带音视频时，为音频素材模拟带尾音的场景混响效果，结合视频慢动作，可以很好地渲染氛围。这里利用"环绕声混响"特效制作声音延长混响效果。

**项目要求** ①选择合适的视频和音频。

②择取视频中的亮点动作。

③择取音频的高音频段。

**项目分析** 利用"剃刀工具"裁剪一段片段，通过设置持续时间制作成慢动作。选取音频带高音的一个片段创建嵌套，在嵌套中创建调整图层，调整嵌套的出点，再为嵌套添加"环绕声混响"并选择混响类型。最后为音频的起点和结尾各自添加"指数淡化"特效，如图6-73、图6-74所示。

图 6-73

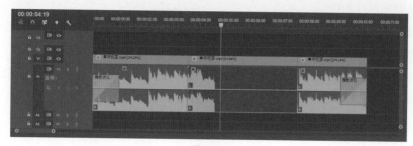

图 6-74

**课时安排** 2课时。

# 第**7**章

# 项目输出详解

## 本章概述

　　在编辑好影片项目的内容之后，最终就是将编辑好的项目文件进行渲染并导出为可以独立播放的视频文件或是其他格式文件。Premiere Pro提供了多种输出方式，可以输出不同的文件类型。本章将为读者详细介绍对输出选项的设置，以及将影片输出为不同格式的方法与技巧。

## 要点难点

- 项目输出前的准备 ★ ☆ ☆
- 项目可输出格式 ★ ★ ☆
- 项目输出设置 ★ ☆ ☆

## 跟我学 输出静态序列图像 /////////////////////////////////

**学习目标** Premiere可以将项目输出单帧图像，也可以按顺序将整个视频逐帧输出成图像。本案例将利用前面章节制作的项目介绍项目文件输出为静态序列图像的具体操作。

**效果预览**

**案例路径** 云盘\实例文件\第7章\跟我学\将项目输出为静态序列图像

**步骤 01** 在Premiere中打开制作好的项目文件，如图7-1所示。

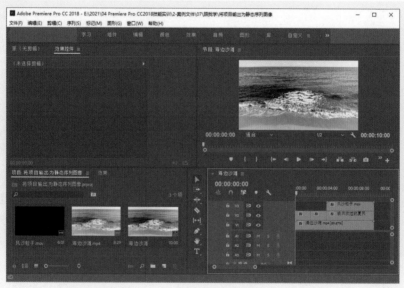

图 7-1

**步骤 02** 选择"时间轴"面板，再执行"文件"|"导出"|"媒体"命令，如图7-2所示。

图 7-2

**步骤 03** 打开"导出设置"对话框，设置导出格式为Targa，在"视频"选项卡中打开"基本设置"卷展栏，勾选"导出为序列"复选框，再勾选"使用最高渲染质量"复选框，如图7-3所示。

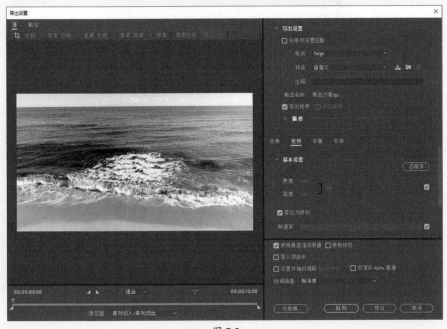

图 7-3

**步骤 04** 单击"输出名称"右侧的链接,打开"另存为"对话框,在这里设置输出名称和存储路径,如图7-4所示。

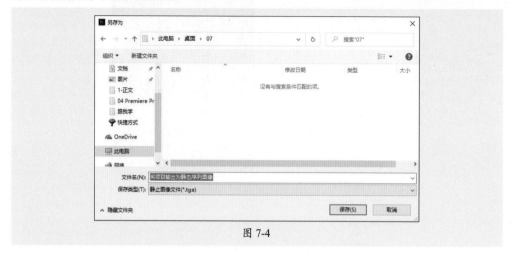

图 7-4

**步骤 05** 单击"保存"按钮返回"导出设置"对话框,再单击"导出"按钮即可开始编码,系统会弹出编码进度,如图7-5所示。

图 7-5

**步骤 06** 导出完毕后,打开目标文件夹,可以看到导出的序列图像,如图7-6所示。

图 7-6

## 7.1 项目输出准备

影视剪辑工作中，输出完整影片之前要做好输出准备，其工作包括时间线设置，渲染预览以及输出方式的选择。在此将首先介绍输出准备工作的内容。

### 7.1.1 设置时间线

在"时间轴"面板的工具栏中移动缩放滑块，可以调整轨道素材的显示比例。将鼠标指针放置到缩放滑块的右端，按住鼠标并左右拖动即可调整工作区域的效果，如图7-7、图7-8所示。

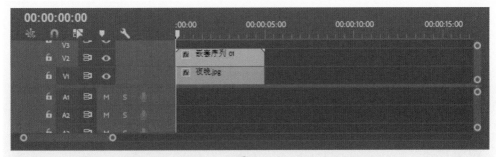

图 7-7

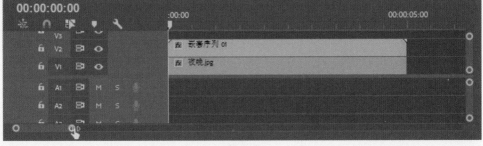

图 7-8

### 7.1.2 渲染预览

渲染预览就是把编辑好的文字、图像、音频和视频效果等做一个预处理，生成暂时的预览视频，以便编辑的时候预览流畅，并且可以提高最终的输出速度、节约时间。

执行"序列"|"渲染入点到出点的效果"命令，或者直接按Enter键，系统即会开始进行渲染，并弹出提示框，用于显示渲染进度，如图7-9所示。渲染完毕，原本红色的时间线也会变成绿色，如图7-10所示。

图 7-9

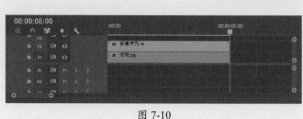

图 7-10

## 7.1.3 输出方式

在Premiere Pro中，输出方式可分为菜单命令导出和快捷键导出两种，下面将逐一进行介绍。

方法一：执行"文件"|"导出"|"媒体"命令，会打开"导出设置"对话框，在该对话框中设置参数。

方法二：按Ctrl+M组合键，同样会打开"导出设置"对话框。

由于实时预演不需要等待系统对画面进行预先的渲染，当播放素材或者拖动时间滑块时画面会同步显示变化效果，因此实时预演是在编辑过程中经常用到的预演方法。

**知识链接**　　　　项目输出的前提是要先选中"节目"监视器面板或"时间轴"面板，这样才能顺利打开"导出设置"对话框。选择其他面板时，"媒体"命令显示为灰色。

## 7.2　项目输出格式

影视编辑工作中需要各种格式的文件，Premiere Pro支持输出成多种不同格式的文件。

### 7.2.1　可输出的视频格式

项目文件编辑制作完成后，需要选择合适的视频格式进行导出，并进行详细的设置，以便导出最优的视频效果。可输出的视频格式很多样，其中包括AVI格式、QuickTime格式和MPEG-4格式等。下面将对视频格式进行详细介绍。

（1）AVI格式

AVI英文全称为Audio Video Interleaved，即音频视频交错格式，是将语音和影像同步组合在一起的文件格式。它对视频文件采用了一种有损压缩方式。尽管画面质量不是太好，但应用范围却非常广泛，可实现多平台兼容。AVI文件主要应用在多媒体光盘上，用来保存电视、电影等各种影像信息。

（2）QuickTime格式

QuickTime影片格式即MOV格式文件，它是Apple公司开发的一种音频、视频文件格式，用于存储常用数字媒体类型。MOV文件声画质量高，播出效果好，但跨平台性较差，很多播放器都不支持MOV格式影片的播放。

（3）MPEG-4格式文件

MPEG是运动图像压缩算法的国际标准，现已被几乎所有计算机平台支持。其中MPEG-4是一种新的压缩算法，使用这种算法可将一部时长为120分钟的电影压缩为300MB左右的视频流，便于传输和网络播出。

（4）FLV格式

FLV格式是FLASH VIDEO格式的简称。随着Flash MX的推出，Macromedia公司开发了属于自己的流媒体视频格式——FLV格式。FLV流媒体格式是一种新的视频格式，由于它形成的文件极小、加载速度也极快，这就使得网络观看视频文件成为可能。FLV格式不仅可以轻松导入Flash中，同时也可以通过RTMP从Flashcom服务器上流式播出，因此目前国内外主流的视频网站都使用这种格式的视频在线观看。

（5）H.264格式

H.264被称作AVC（Advanced Video Codeing，高级视频编码），是MPEG-4标准的第10部分，用来取代之前MPEG-4第2部分（简称MPEG-4P2）所制定的视频编码，因为AVC有着比MPEG-4P2强很多的压缩效率。最常见的MPEG-4P2编码器有divx和xvid（开源），最常见的AVC编码器是x264（开源）。

## 7.2.2　输出音频格式

Premiere Pro可以将项目文件中的音频单独输出，可输出的音频格式包括MP3格式、WAV格式、AAC音频格式、WMA格式等。下面将对这几种可输出的音频格式进行详细介绍。

（1）MP3格式

MP3是一种音频压缩技术，简称MP3，被设计用来大幅度地降低音频数据量，是较为常用的输出音频格式。利用MPEG Audio Layer 3技术，将音乐以1∶10甚至1∶12的压缩率压缩成容量较小的文件，而对于大多数用户来说重放的音质与最初的不压缩音频相比没有明显的下降。其优点是压缩后占用空间小，适用于移动设备的存储和使用。

（2）WAV格式

WAV波形文件是微软和IBM共同开发的PC标准声音格式，文件扩展名.wav，是一种通用的音频数据文件。通常使用WAV格式保存一些没有压缩的音频，也就是经过PCM编码后的音频，因此也称为波形文件；其需依照声音的波形进行存储，因此要占用较大的存储空间。

（3）AAC音频格式

AAC（Advanced Audio Coding）中文称为"高级音频编码"，出现于1997年，基于MPEG-2的音频编码技术，由诺基亚和苹果公司共同开发，目的是取代MP3格式。2000年MPEG-4标准出现后，AAC重新集成了其特性，加入了SBR技术和PS技术，为了区别传统的MPEG-2 AAC，又称为MPEG-4 AAC。

（4）WMA格式

WMA的全称是Windows Media Audio，是微软力推的一种音频格式。WMA格式是以减少数据流量但保持音质的方法来达到更高的压缩率目的，其压缩率一般可以达到1∶18，生成的文件大小只有相应MP3文件的一半。

## 7.2.3　输出单帧图像

Premiere Pro可以将项目文件中的某一帧单独输出为一张静态图片，可输出的图像格式有多种，包括AVI格式文件、BMP格式文件、PNG格式文件、TGA格式文件。下面将对几种图像格式进行详细介绍。

（1）AVI格式

AVI英文全称为Audio Video Interleaved，即音频视频交错格式，是将语音和影像同步组合在一起的文件格式。它对视频文件采用了一种有损压缩方式。尽管画面质量不是太好，但应用范围却非常广泛，可实现多平台兼容。AVI文件主要应用在多媒体光盘上，用来保存电视、电影等各种影像信息。

（2）BMP格式

BMP是Windows操作系统中的标准图像文件格式，可以分成两类：设备相关位图和设备无关位图，使用非常广。它采用位映射存储格式，除了图像深度可选以外，不采用其他任何压缩，因此，BMP文件所占用的空间很大。由于BMP文件格式是Windows环境中交换与图有关的数据的一种标准，因此在Windows环境中运行的图形图像软件都支持BMP图像格式。

（3）PNG格式

PNG的名称来源于Portable Network Graphic Format（可移植网络图形格式），是一种位图文件存储格式。PNG的设计目的是试图替代GIF和TIFF文件格式，同时增加一些GIF文件格式所不具备的特性，一般应用于Java程序、网页中，原因是它压缩比高，生成文件体积小。

（4）TGA格式

TGA（Targa）格式是计算机上应用最广泛的图像格式，在兼顾了BMP的图像质量的同时又兼顾了JPEG的体积优势。该格式自身的特点是通道效果、方向性。在CG领域常作为影视动画的序列输出格式，因为兼具体积小和效果清晰的特点。

　　　　Premiere Pro可以在保证清晰度最高、损失最小的情况下，将项目文件视频输出为静态序列图像，以便于导入其他软件中继续进行编辑制作。静态序列图像是将视频画面的每帧画面都输出为静态图像，且会为图像自动编号。

# 7.3　项目输出设置

　　一般情况下，用户需要将编辑的影片合成为在一个Premiere Pro中可实时播放的影片，将其录制到录像带，或输出到其他媒介工具。在视频编辑工作中，输出影片前，要在"导出设置"对话框中进行相应参数设置，包括导出设置、视频设置和音频设置等内容。

## 7.3.1　输出预览

　　预览窗口分为"源"选项板和"输出"选项板两个选项，便于渲染时的预览视频效果。

（1）源

　　在"源"选项板中可以对预览窗口中的素材进行裁剪编辑。单击"裁剪输出视频"按钮🔲，即可对视频的左侧、顶部、右侧参数进行设置，如图7-11所示。

　　用户也可以直接单击"裁剪比例"右侧的下拉按钮，直接在列表中选择需要的尺寸比例，如图7-12所示。

图 7-11

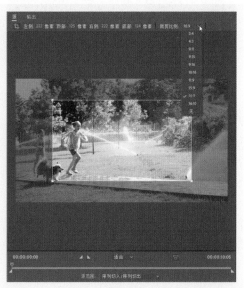

图 7-12

　　选项板下方的工具栏主要用于编辑导出视频的入点、出点、缩放比例、源范围等，各按钮选项具体含义介绍如下。

- 00:00:00:00：设置视频在播放时的时间停留位置。
- 00:00:10:05：设置输出影片的持续时间。
- ◢：设置入点，定义操作区段的开始时间点。
- ◣：设置出点，定义操作区段的结束时间点。
- **选择缩放级别**：调整屏幕上显示素材信息的比例大小。
- ⊡：可设置素材文件的横纵比例。

（2）输出

切换到"输出"选项板时，可以在"源缩放"下拉列表中设置素材在预览窗口中的呈现方式，如图7-13、图7-14所示为不同缩放类型的效果。

图 7-13

图 7-14

## 7.3.2 导出设置

"导出设置"卷展栏主要对影片项目的导出格式、路径、文件名称等参数进行设置，可应用于多种播放设备的传播或观看，如图7-15所示。

- **格式**：在下拉列表中可设置视频素材或音频素材的文件格式，提供了31种格式以供选择，如图7-16所示。

- **预设**：用于设置视频的编码配置，提供了6种预设类型，也可以选择

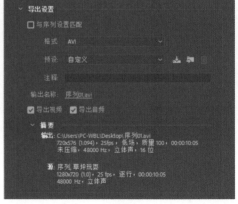

图 7-15

自定义设置，如图7-17所示。

● ▣: 单击该按钮，可保存当前预设参数。

● ▣: 单击该按钮，可安装所存储的预设文件。

● ▣: 单击该按钮，可删除当前的预设。

● **注释**: 在视频导出时所添加的注解。

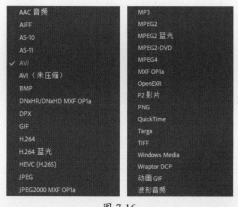

图 7-16　　　　　　　　　　　　　　　　图 7-17

● **输出名称**: 设置视频导出的文件名及所在路径。单击文件名，打开"另存为"对话框，用户可在该对话框中设置文件名和存储路径，如图7-18所示。

图 7-18

● **导出视频/导出音频**: 勾选"导出视频"复选框，可导出项目的视频部分；勾选"导出音频"复选框，可导出项目的音频部分。

● **摘要**: 显示视频的"输出"信息和"源"信息。

## 7.3.3　扩展参数

扩展参数可针对影片的导出参数进行更加详细的设置，包括效果、视频、音频、字幕、发布共5个部分。

（1）效果

在"效果"选项卡中可设置Lumetri Look/LUT、SDR遵从情况、图像叠加、名称叠加、时间码叠加、时间调谐器、视频限制器、响度标准化等属性，如图7-19所示。

- **Lumetri Look/LUT：**针对视频进行调色设置。
- **SDR遵从情况：**对素材进行亮度、对比度、软阈值的调整。
- **图像叠加：**勾选该复选框，可在"已应用"列表中选择所要叠加的图像，并与原图像进行混合叠加。
- **名称叠加：**勾选该复选框，会在素材上方显示出素材序列的名称。
- **时间码叠加：**勾选该复选框，在视频下方会显示视频的播放时间。
- **时间调谐器：**勾选该复选框，可对素材目标持续时间进行更改。
- **视频限制器：**勾选该复选框，可降低素材文件的亮度及色度范围。
- **响度标准化：**勾选该复选框，可调整素材响度大小。

（2）视频

在"视频"选项卡中可设置导出视频的相关参数，如视频编解码器、长宽比等，如图7-20所示。

图 7-19

图 7-20

- **视频编辑解码器：**在下拉列表中可选择视频解码类型。
- **基本视频设置：**可设置视频的质量、尺寸、帧速率、场序、长宽比等参数。
- **高级设置：**可对"关键帧"及"优化静止图像"进行设置。

（3）音频

该选项卡可针对音频进行相关参数的导出设置，如图7-21所示。

（4）字幕

该选项卡中可针对导出的文字进行相关参数的设置，如图7-22所示。

图 7-21                       图 7-22

- **导出选项：**设置字幕的导出类型。
- **文件格式：**设置字幕的导出格式。
- **帧速率：**设置每秒钟刷新出来的字幕帧数。

（5）发布

作品输出完成后可将其发布到Web，该选项卡提供了多个平台可供选择。

## 7.3.4　其他参数

"导出设置"对话框中还包含一些其他的参数，可以对视频的渲染质量、时间插值等进行设置，如图7-23所示。

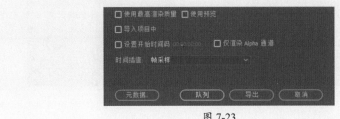

图 7-23

- **使用最高渲染质量：**可提供更高质量的渲染，但会延长编码时间。
- **使用预览：**仅适用于从Premiere导出序列。如果已生成预览文件再选择该选项，则会使用预览文件并加快渲染。
- **导入项目中：**将视频导入到指定项目。
- **设置开始时间码：**编辑视频开始时的时间码。
- **仅渲染Alpha通道：**用于包含Alpha通道的源。
- **时间插值：**当输入帧速率与输出帧速率不符时，可混合相邻的帧以生成更加平滑的运动效果。包括帧采样、帧混合、光流法3种类型。

知识链接　　采用比源音频素材更高的品质进行输出，并不会提升音频的播放音质，反而会增加文件的大小。

# 自己练 / 输出AVI格式影片

**案例路径** 云盘 \ 实例文件 \ 第7章 \ 自己练 \ 输出AVI格式影片

**项目背景** AVI（未压缩）格式能支持最好的编码去重新组织视频和音频，生成的文件比较大。通常用于对视频质量要求比较高的项目。

**项目要求** ①项目设置要符合视频要求。

②设置导出设置参数，以保证视频效果。

**项目分析** 按Ctrl+M组合键，打开"导出设置"对话框，设置输出文件格式为AVI（未压缩）格式，再设置文件名称和存储路径。导出AVI视频后，使用播放工具打开观看效果，如图7-24所示。

图 7-24

**课时安排** 2课时。

第**8**章

# 综合案例
## ——制作音乐播放器界面动画

### 本章概述

　　随着社会的发展，音乐已经成为生活中不可分割的一个重要组成。不管是音乐App还是网站，其界面设计和体验感都在不断提升。从播放音乐的功能到不仅仅只有该功能，播放界面的背景、色彩、文字等小元素使其变得赏心悦目，更加吸引大众眼球。

　　本章将讲述使用Premiere Pro制作音乐播放器界面动画效果的操作过程，向读者介绍工具、图形蒙版、视频特效、音频特效等知识的具体操作方法及设置。

### 要点难点

- 蒙版图形的运用和设置 ★★★
- 关键帧的运用和设置 ★★☆
- 视频特效的功能和应用 ★★★
- 字幕工具的应用 ★★☆

## 8.1 　创意构思 ////////////////////////////////////////////////////////////

　　本案例制作的是一个音乐播放器界面动画，利用人物照片制作模糊背景和唱片效果，唱片和唱片针的旋转是点睛之笔，结合手写文字和音乐进度条，整个画面清新简洁，与背景音乐也能很好地结合起来。

　　本实例最终完成的部分画面如图8-1、图8-2、图8-3、图8-4所示。

图 8-1

图 8-2

图 8-3

图 8-4

## 8.2 　制作背景效果 ////////////////////////////////////////////////////

　　本节将对项目的新建、素材的导入、"高斯模糊"特效的应用等操作进行详细介绍。

**1.新建项目并导入素材**

**步骤01** 新建项目，在弹出的"新建项目"对话框中设置项目名称、存储位置等参数，如图8-5所示。

**步骤02** 在"项目"面板中双击鼠标，打开"导入"对话框，选择准备好的素材文件，如图8-6所示。

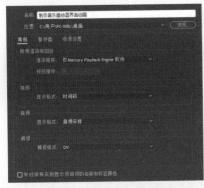

图 8-5

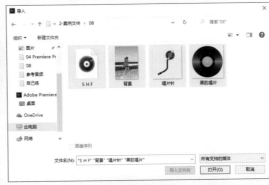

图 8-6

**步骤03** 单击"打开"按钮将其导入到"项目"面板中，如图8-7所示。

图 8-7

**2.导入并编辑背景素材**

**步骤01** 从"项目"面板中拖动"背景.jpg"图像素材至"时间轴"面板的V1轨道，如图8-8所示。

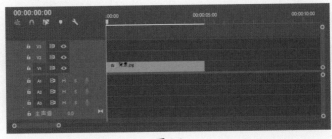

图 8-8

**步骤 02** 移动时间指示器至00:01:00:00，在"时间轴"面板中拖动调整"背景.jpg"素材的出点至时间线，如图8-9所示。

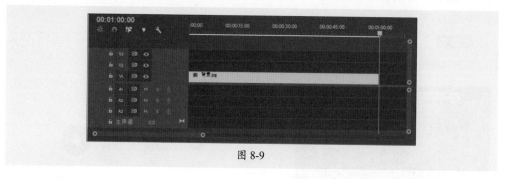

图 8-9

**步骤 03** 在"效果"面板中搜索并选择"高斯模糊"特效，如图8-10所示。

**步骤 04** 将该特效添加到"背景.jpg"素材上，选择素材，打开"效果控件"面板，设置"模糊度"参数为120，再勾选"重复边缘像素"复选框，如图8-11所示。

图 8-10

图 8-11

**步骤 05** "背景.jpg"素材设置前后效果如图8-12、图8-13所示。

图 8-12

图 8-13

# 8.3　制作唱片动画

本节将利用"椭圆工具"、"嵌套"功能、"轨道遮罩键"特效等结合关键帧的应用和设置来制作唱片动画效果。下面介绍具体的操作方法。

**1. 编辑黑胶唱片动画**

**步骤 01** 从"项目"面板拖动"黑胶唱片.png"素材至"时间轴"面板的V3轨道，并调整素材出点至00:01:00:00，如图8-14所示。

**步骤 02** 在"节目"监视器面板中可以看到素材效果，如图8-15所示。

图 8-14

图 8-15

**步骤 03** 在工具面板中选择"椭圆工具"，按住Shift键在"节目"监视器面板中绘制一个正圆图形，将素材移动至V2轨道，置于"黑胶唱片.png"素材下，再调整出点，如图8-16所示。

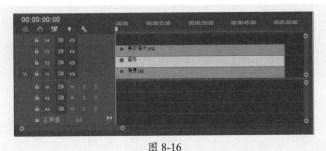

图 8-16

**步骤 04** 选择图形素材，在"基本图形"面板的"编辑"选项卡中依次单击"垂直居中对齐"和"水平居中对齐"按钮，再设置素材的"不透明度"和"填充"颜色，如图8-17所示。

**步骤 05** 在"节目"监视器面板中可以看到设置后的效果，如图8-18所示。

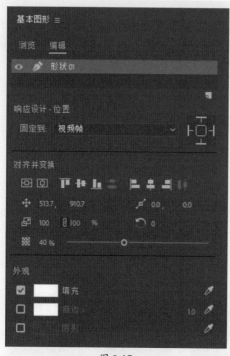

图 8-17

图 8-18

**步骤06** 按住Alt键复制"背景.jpg"至V4轨道，将其重命名为"背景副本.jpg"，并删除"高斯模糊"特效，如图8-19所示。

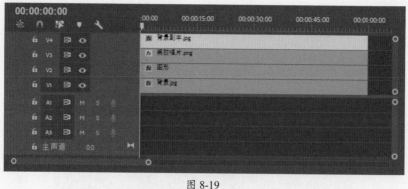

图 8-19

**步骤07** 在工具面板中单击"椭圆工具"，按住Shift键在"节目"监视器面板中绘制一个正圆图形，并在"时间轴"面板调整素材出点，如图8-20所示。

**步骤08** 从"效果"面板搜索"轨道遮罩键"特效，将其添加到"背景副本.jpg"素材，在"效果控件"面板中选择V5轨道的正圆图形作为遮罩轨道，再选择合成方式为"Alpha遮罩"，如图8-21所示。

图 8-20                                      图 8-21

**步骤 09** 设置完毕后可在"节目"监视器面板中看到遮罩效果，如图8-22所示。

**步骤 10** 隐藏V1轨道，然后选择V5轨道的图形素材，在"效果控件"面板中通过"位置"参数来调整图像在遮罩中的显示，监视器面板效果如图8-23所示。

图 8-22                                      图 8-23

**步骤 11** 按住Shift键，在"时间轴"面板中选择V4轨道和V5轨道的素材，单击鼠标右键，在弹出的快捷菜单中选择"嵌套"命令，如图8-24所示。

**步骤 12** 在弹出的"嵌套序列名称"对话框中输入新的名称，如图8-25所示。

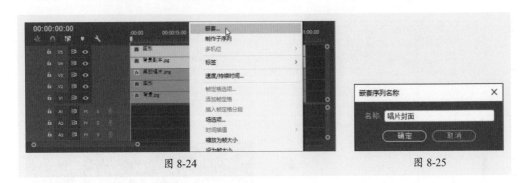

图 8-24                                    图 8-25

**步骤13** 单击"确定"按钮即可在"时间轴"面板中看到颜色变为绿色的嵌套素材，并自动排列到V4轨道，如图8-26所示。

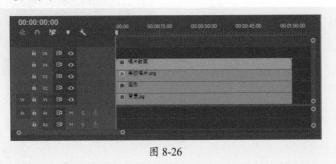

图 8-26

**步骤14** 选择"唱片封面"嵌套素材，在"效果控件"面板中调整素材的"缩放"参数为35，再调整"锚点"参数，如图8-27所示。

**步骤15** 在监视器面板中可以看到调整后的唱片效果，如图8-28所示。

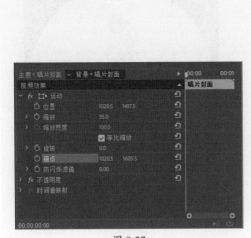

图 8-27

图 8-28

**步骤16** 选择"黑胶唱片.png"素材和"唱片封面"素材，单击鼠标右键，在弹出的快捷菜单中选择"嵌套"命令，如图8-29所示。

图 8-29

**步骤17** 在弹出的"嵌套序列名称"对话框中输入名称"唱片"，单击"确定"按钮即可创建新的嵌套，如图8-30所示。

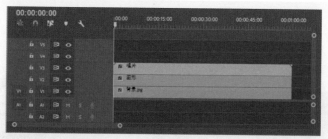

图 8-30

**步骤18** 选择"唱片"嵌套素材，打开"效果控件"面板，将时间指示器移动至00:00:00:00，单击"旋转"属性左侧的"切换动画"按钮添加第一个关键帧，属性参数为0.0°；再将时间指示器移动至00:00:00:10，单击"添加-移除关键帧"按钮为"旋转"属性添加第二个关键帧，属性参数为0.0°，如图8-31所示。

**步骤19** 将时间指示器移动至00:01:00:00，设置"旋转"参数为6x0.0°，系统会自动创建新的关键帧，如图8-32所示。

图 8-31

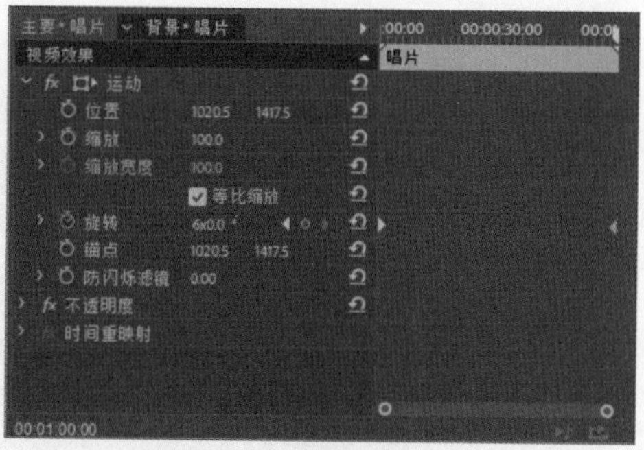

图 8-32

**步骤20** 按空格键即可快速预览唱片旋转效果。

**步骤21** 在"时间轴"面板，按住Shift键选择"唱片"嵌套素材和"图形"素材，创建名为"唱片动画"的嵌套，如图8-33所示。

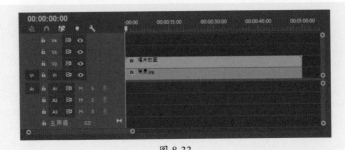

图 8-33

**步骤 22** 选择"唱片动画"嵌套素材，在"效果控件"面板中调整素材的"位置"参数，如图8-34所示。

**步骤 23** 调整后的效果如图8-35所示。

图 8-34

图 8-35

### 2. 编辑唱片针动画

**步骤 01** 将"唱片针"素材从"项目"面板拖入"时间轴"面板的V3轨道，调整素材出点位置，如图8-36所示。

图 8-36

**步骤 02** 选择"唱片针.png"素材，在"效果控件"面板中先设置素材的锚点位置，再调整"位置"参数和"旋转"参数，如图8-37所示。

**步骤 03** 在监视器面板中观察唱片针效果，如图8-38所示。

图 8-37                                                      图 8-38

**步骤 04** 移动时间指示器至00:00:00:00，为"旋转"参数添加第一个关键帧，如图8-39所示。

**步骤 05** 移动时间指示器至00:00:00:10，设置"旋转"参数为20.0°，自动添加第二个关键帧；再移动时间指示器至00:00:59:15，为"旋转"参数添加第三个关键帧，参数不变，如图8-40所示。

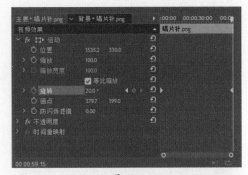

图 8-39                                                      图 8-40

**步骤 06** 移动时间指示器至00:01: 00:00，为"旋转"参数添加第四个关键帧，设置"旋转"参数为45°，如图8-41所示。

**步骤 07** 按空格键快速预览唱片动画效果。

图 8-41

219

# 8.4 制作音乐进度动画 ///////////////////////////////////////

本节将对"矩形工具"、蒙版、"快速模糊"特效等功能的设置操作进行详细介绍。

**1. 制作音乐进度动画**

**步骤 01** 单击"矩形工具",在"节目"监视器面板中创建一个矩形,在"时间轴"面板中调整素材出点,如图8-42所示。

图 8-42

**步骤 02** 选择素材,在"基本图形"面板中设置矩形的"不透明度"和"填充"颜色,再单击"水平居中对齐"按钮,如图8-43所示。

**步骤 03** 设置后的矩形效果如图8-44所示。

图 8-43

图 8-44

**步骤 04** 按住Alt键,选择图形素材将其复制到V5轨道,再重命名为"进度",如图8-45所示。

**步骤 05** 在"基本图形"面板中调整"进度"素材的"不透明度"和"填充"颜色,如图8-46所示。

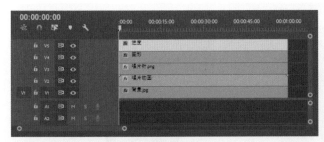

图 8-45　　　　　　　　　　　　　　　　　　　图 8-46

**步骤 06** 设置效果如图8-47所示。

**步骤 07** 选择"进度"素材，在"效果控件"面板的"形状"组下单击"创建4点多边形蒙版"按钮，创建一个蒙版，并调整蒙版形状，如图8-48所示。

图 8-47　　　　　　　　　　　　　　　　　　　图 8-48

**步骤 08** 将时间指示器移动至00:01:00:00，为"蒙版路径"属性添加关键帧，如图8-49所示。

**步骤 09** 将时间指示器移动至00:00:00:10，为"蒙版路径"属性添加关键帧，如图8-50所示。

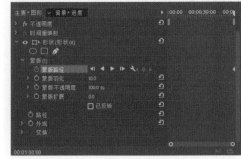

图 8-49　　　　　　　　　　　　　　　　　　　图 8-50

步骤10 调整蒙版路径，如图8-51所示。

步骤11 按空格键快速预览进度条动画，如图8-52所示。

图 8-51

图 8-52

### 2. 制作音乐进度图标动画

步骤01 单击"矩形工具"，按住Shift键在进度条开始位置绘制一个正圆图形，设置"填充"颜色为白色，并在"时间轴"面板中调整素材出点，如图8-53所示。

步骤02 按住Alt键复制图形素材到V7轨道，如图8-54所示。

图 8-53

图 8-54

步骤03 从"效果"面板中搜索并选择"快速模糊"特效，添加到V6轨道的图形素材上。打开"效果控件"面板，将时间指示器移动至00:00:00:00，设置"模糊"参数为0，并添加第一个关键帧，如图8-55所示。

步骤04 将时间指示器移动至00:00:02:00，添加第二个关键帧，设置"模糊"参数为45，如图8-56所示。

图 8-55

图 8-56

**步骤 05** 选择创建好的两个关键帧，按Ctrl+C组合键复制；再将时间指示器移动至00:00:04:00，按Ctrl+V组合键粘贴关键帧，如图8-57所示。

**步骤 06** 照此方法继续向后复制关键帧，如图8-58所示。

图 8-57

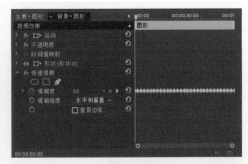

图 8-58

**步骤 07** 选择V6、V7轨道的两个图形素材，单击鼠标右键，在弹出的快捷菜单中选择"嵌套"命令，为新嵌套素材命名为"图标"，单击"确定"按钮创建新的嵌套素材，如图8-59所示。

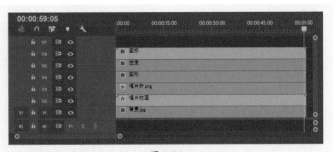

图 8-59

**步骤 08** 选择"图标"嵌套素材，打开"效果控件"面板，将时间指示器移动至00:00:00:10，为"位置"属性添加第一个关键帧，属性参数不变，如图8-60所示。

**步骤 09** 将时间指示器移动至00:01:00:00，设置新的"位置"属性参数，自动创建第二个关键帧，如图8-61所示。

图 8-60

图 8-61

**步骤 10** 按空格键快速预览动画，如图8-62、图8-63所示。

图 8-62

图 8-63

# 8.5　添加字幕

本节将对"文字工具"和"书写"特效的应用及设置等进行详细介绍。

**步骤 01** 单击"文字工具"，在"节目"监视器面板创建一个文本框，并输入文字内容，接着在"效果控件"面板中设置文字字体、大小、字距、颜色等参数，如图8-64所示。

**步骤 02** 单击"选择工具"，调整文字位置，设置后的文字效果如图8-65所示。

图 8-64    图 8-65

步骤 03 选择文字素材,将其创建为嵌套素材,命名为"文字",如图8-66所示。

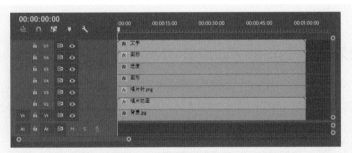

图 8-66

步骤 04 在"效果"面板中选择"书写"特效,将其添加到"文字"嵌套素材,在"效果控件"面板中设置"颜色""画笔大小"等参数,再为"画笔位置"属性添加第一个关键帧,如图8-67所示。

步骤 05 选择"画笔位置"属性,在"节目"监视器面板中调整画笔的位置,如图8-68所示。

图 8-67    图 8-68

步骤 06 按键盘上的→键移动1帧，接着在监视器面板中移动画笔位置，如此操作直到完成文字的书写，如图8-69所示。

步骤 07 在"效果控件"面板中设置"绘制样式"为"显示原始图像"，如图8-70所示。

图 8-69

图 8-70

步骤 08 按空格键即可快速预览动画效果。

## 8.6 编辑背景音乐

本节将介绍"剃刀工具"以及"指数淡化"特效的应用，操作步骤如下。

步骤 01 将时间指示器移动至00:00:00:10，再从"项目"面板拖动音频素材至"时间轴"面板的A1轨道，将入点对齐到时间线，如图8-71所示。

图 8-71

步骤 02 将时间指示器移动至00:01:00:00，单击"剃刀工具"，沿时间线裁剪音频素材，如图8-72所示。

图 8-72

**步骤 03** 单击 "选择工具", 选择并删除音频的后一片段, 如图8-73所示。

图 8-73

**步骤 04** 从 "效果" 面板搜索 "指数淡化" 特效, 将其拖至音频素材的结尾处, 如图8-74所示。

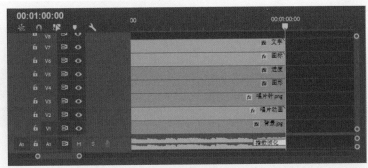

图 8-74

**步骤 05** 单击特效标志, 在 "效果控件" 面板中设置 "持续时间", 如图8-75所示。

图 8-75

# 8.7 预览并导出视频

本节将对素材的渲染以及导出设置等操作进行详细介绍。

**步骤 01** 按空格键预览完整的视频效果。

**步骤 02** 执行 "文件" | "保存" 命令, 保存项目文件。

**步骤 03** 按Ctrl+M组合键，打开"导出设置"对话框，设置导出格式为H.264，在"视频"选项卡中设置比特率，如图8-76所示。

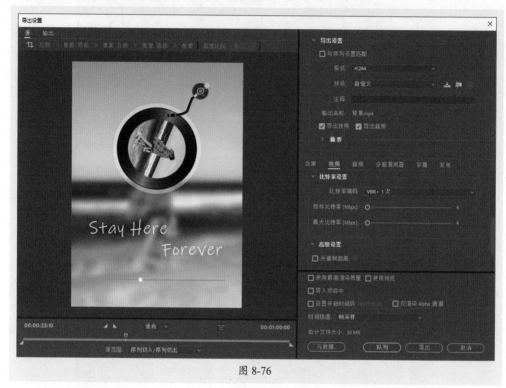

图 8-76

**步骤 04** 单击"输出名称"文字链接，打开"另存为"对话框，输入文件名并设置存储路径，如图8-77所示。

**步骤 05** 单击"保存"按钮返回"导出设置"对话框，再单击"导出"按钮，系统开始进行编码，并弹出进度提示框，如图8-78所示。

**步骤 06** 编码完毕后，即可到目标文件夹观看制作好的视频效果。

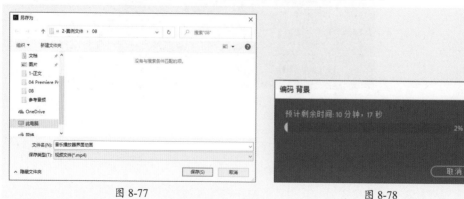

图 8-77                    图 8-78

Premiere Pro

第9章

# 综合案例
## ——制作水墨江南宣传片

**本章概述**

　　随着宣传方式的日益多样化，视频宣传成为一种备受欢迎的宣传形式。旅游宣传短片是地方文化宣传的一种视频表现形式，这种短小精美的宣传片，更容易吸引大众，获得更高的关注和宣传效果。本章将主要讲述如何用Premiere Pro制作旅游宣传短片，向读者介绍具体的操作方法及过程。

**要点难点**

- 关键帧的运用和设置 ★☆☆
- 文字特效的制作 ★★☆
- 图层混合模式的应用 ★☆☆
- 视频转场特效的设置 ★★☆
- 视频特效的应用 ★★★

## 9.1　创意构思

　　制作的影视节目应该与主题紧密相连，如制作旅游景点宣传片，画面内容基本上应该是与当地风景相关，并且通过背景音乐、画面的动静变化来突出整个宣传片的主题。在确定了创作思路之后，接下来的工作便是画面构图了。

　　本案例的标题为水墨江南，因此可使用水墨效果、图片、字幕相结合的方式来进行介绍。最终完成的部分画面如图9-1~图9-5所示。

图 9-1　　　　　　　　　　　　　　　　　　　图 9-2

图 9-3　　　　　　　　　　　　　　　　　　　图 9-4

图 9-5

## 9.2　制作背景效果

　　本节将对项目的新建，素材的导入方式，音频轨道参数的设置，静帧持续时间参数的设置等操作进行详细介绍。

**1. 新建项目和序列**

**步骤 01** 执行"文件"|"新建"|"项目"命令，在弹出的"新建项目"对话框中设置项目名称和存储位置等参数，如图9-6所示。

**步骤 02** 执行"文件"|"新建"|"序列"命令，在弹出的"新建序列"对话框"设置"选项卡中设置"编辑模式""帧大小""像素长宽比""场"等参数，如图9-7所示。

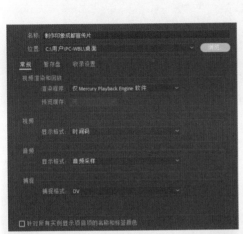

图 9-6　　　　　　　　　　　　　　　　图 9-7

**2. 导入并编辑素材**

**步骤 01** 在"项目"面板中双击鼠标，打开"导入"对话框，选择事先准备好的素材文件，如图9-8所示。

**步骤 02** 单击"打开"按钮，即可将素材导入到"项目"面板中，如图9-9所示。

图 9-8　　　　　　　　　　　　　　　　图 9-9

**步骤 03** 将"项目"面板中的"壁纸1.jpg"素材图像拖入"时间轴"面板的V1轨道，并调整素材出点到00:00:30:00，如图9-10所示。

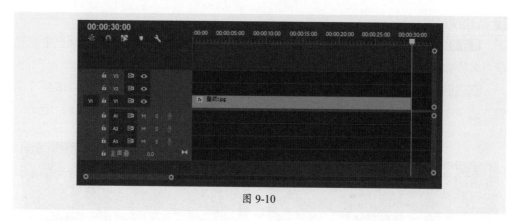

图 9-10

**步骤 04** 选择素材，在"效果控件"面板的"运动"属性栏下设置"缩放"参数，如图9-11所示。

**步骤 05** 在"节目"监视器面板查看壁纸的显示效果，如图9-12所示。

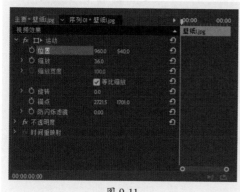

图 9-11

图 9-12

**步骤 06** 从"效果"面板中搜索"黑白"特效，将其添加到"时间轴"面板的素材上，将素材改变为黑白效果，如图9-13所示。

图 9-13

**步骤 07** 将"壁纸2.png"图像素材拖入到"时间轴"面板的V2轨道，再调整素材出点，如图9-14所示。

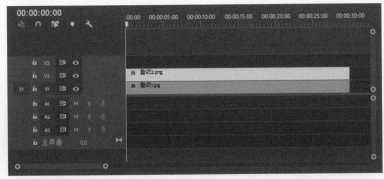

图 9-14

**步骤 08** 调整"壁纸2.png"图像素材的"缩放"参数，设置后的背景效果如图9-15所示。

**步骤 09** 在"时间轴"面板中选择V1轨道和V2轨道的图像素材，单击鼠标右键，在弹出的快捷菜单中选择"嵌套"命令，打开的对话框如图9-16所示。

图 9-15

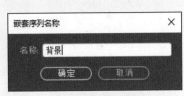

图 9-16

**步骤 10** 单击"确定"按钮创建嵌套素材，如图9-17所示。

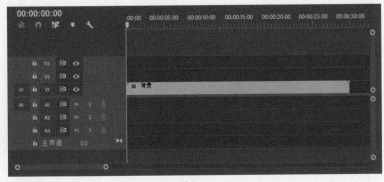

图 9-17

# 9.3 制作水墨文字效果

本节将对素材的管理、关键帧设置、嵌套序列以及轨道遮罩视频效果的应用与设置等操作进行详细介绍。

**1. 编辑水墨效果**

**步骤01** 在"项目"面板中将"水墨002.mov"视频素材拖入"时间轴"面板的V2轨道，如图9-18所示。

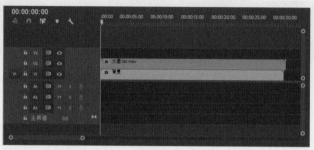

图 9-18

**步骤02** 右键单击素材，在弹出的快捷菜单中选择"速度/持续时间"命令，打开"剪辑速度/持续时间"对话框，设置"持续时间"参数为00:00:08:00，单击"确定"按钮即可完成视频时长的缩放编辑，如图9-19、图9-20所示。

图 9-19

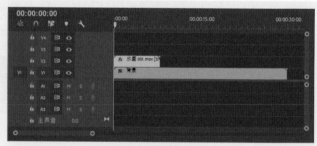

图 9-20

**步骤03** 按空格键播放视频，效果如图9-21所示。

图 9-21

**步骤 04** 选择"水墨001.mov"视频素材，在"效果控件"面板中设置素材的"不透明度"参数为100%，再设置混合模式为"叠加"，如图9-22所示。

**步骤 05** 设置后的效果如图9-23所示。

图 9-22　　　　　　　　　　　　　　　　图 9-23

**步骤 06** 从"项目"面板将"水墨002.mov"视频素材拖入"时间轴"面板的V3轨道，利用"剪辑速度/持续时间"对话框调整素材持续时间与V2轨道的素材相同，如图9-24所示。

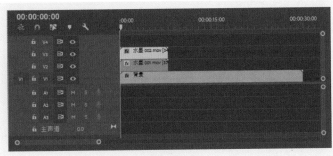

图 9-24

**步骤 07** 按空格键播放视频，可以看到当前素材视频中水墨从上方进入，如图9-25所示。

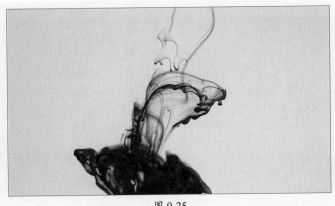

图 9-25

步骤 08 从"效果"面板中搜索"垂直翻转"特效，将其添加到"水墨002.mov"视频素材，效果如图9-26所示。

图 9-26

步骤 09 选择"水墨002.mov"视频素材，在"效果控件"面板中设置素材的"不透明度"参数为60%，再设置混合模式为"叠加"，效果如图9-27所示。

图 9-27

步骤 10 选择"水墨001.mov"视频素材，将时间线移动至00:00:07:00，为"不透明度"属性添加关键帧，参数为60%，如图9-28所示。

步骤 11 将时间指示器移动至00:00:08:00，为"不透明度"属性添加关键帧，设置参数为0，如图9-29所示。

图 9-28

图 9-29

**步骤 12** 为"水墨002.mov"视频素材添加同样的关键帧,按空格键预览效果,可以看到水墨逐渐消失。

**步骤 13** 用同样的方法插入"水墨003.mov"视频素材到V3轨道,并设置持续时间为00:00:08:00,如图9-30所示。

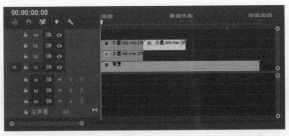

图 9-30

**步骤 14** 选择"水墨003.mov"视频素材,在"效果控件"面板中设置素材的"不透明度"参数为60%,再设置混合模式为"叠加",效果如图9-31所示。

图 9-31

**步骤 15** 将时间指示器移动至00:00:08:00,为"不透明度"属性添加关键帧,设置参数为0,如图9-32所示。

**步骤 16** 再将时间指示器移动至00:00:09:00,为"不透明度"属性添加关键帧,设置参数为60%,如图9-33所示。

图 9-32

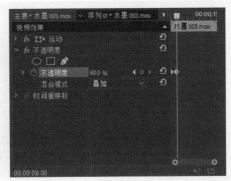

图 9-33

步骤 **17** 按空格键预览效果可以看到水墨逐渐产生。

## 2. 编辑书写文字效果

步骤 **01** 将"合成"面板中"水墨江南.png"图像素材拖入"时间轴"面板的V4轨道，并调整素材出点，如图9-34所示。

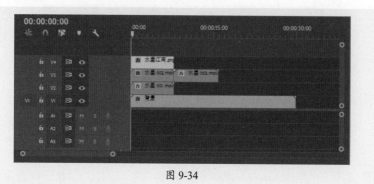

图 9-34

步骤 **02** 选择素材，在"效果控件"面板中设置"缩放"参数为60，如图9-35所示。

步骤 **03** 在"节目"监视器面板中预览效果，如图9-36所示。

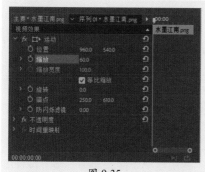

图 9-35

图 9-36

步骤 **04** 右键单击"水墨江南.png"图像素材，在弹出的快捷菜单中选择"嵌套"命令，在"嵌套序列名称"对话框中输入新的名称"片头文字"，单击"确定"按钮即可创建嵌套素材，如图9-37所示。

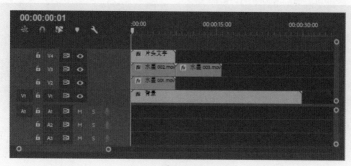

图 9-37

**步骤 05** 在"效果"面板中搜索"书写"特效，将其添加到嵌套素材上，选择嵌套素材，在"效果控件"面板中设置画笔参数，如图9-38所示。

**步骤 06** 单击"画笔位置"属性，然后在"节目"监视器面板中调整画笔位置，如图9-39所示。

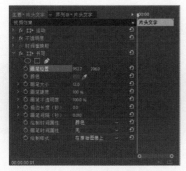

图 9-38

图 9-39

**步骤 07** 将时间指示器移动至视频起点，为"画笔位置"属性添加关键帧，按键盘上的→键移动1帧，然后移动画笔位置，系统自动创建第二帧，如图9-40、图9-41所示。

图 9-40

图 9-41

**步骤 08** 如此移动一帧就移动一次画笔位置，描绘文字"水"，如图9-42所示。

**步骤 09** 再继续描绘所有文字，如图9-43所示。

图 9-42

图 9-43

**步骤 10** 在"效果控件"面板中设置"绘制样式"类型为"显示原始图像",如图9-44所示。

**步骤 11** 按空格键即可预览文字书写效果,如图9-45所示。

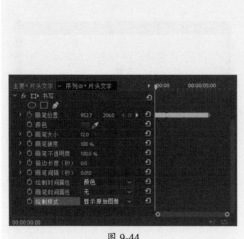

图 9-44

图 9-45

**步骤 12** 将时间指示器移动至00:00:07:00,在"效果控件"面板中为"不透明度"参数添加关键帧,设置参数为100%,如图9-46所示。

**步骤 13** 将时间指示器移动至00:00:08:00,为"不透明度"参数添加关键帧,设置参数为0,如图9-47所示。

图 9-46

图 9-47

### 3. 编辑打印文字效果

**步骤 01** 将时间线指示器保持在00:00:08:00,执行"图形"|"新建图层"|"直排文本"命令,新建一个文字图层,并调整图层的出点,如图9-48所示。

**步骤 02** 在"效果控件"面板中设置文字字体、大小、行距以及颜色等参数,如图9-49所示。

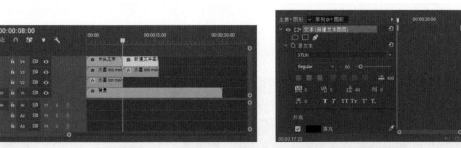

图 9-48                                              图 9-49

**步骤 03** 在"节目"监视器面板中调整文本位置,如图9-50所示。

图 9-50

**步骤 04** 删除文字内容,移动时间指示器至00:00:08:00,单击"源文本"属性左侧的"切换动画"按钮添加关键帧,按键盘上的→键移动5帧,输入第一个文字"江",如图9-51所示。

图 9-51

**步骤 05** 如此每隔5帧输入一个文字，系统会自动创建关键帧，需要换行时，则按→键移动10帧，如图9-52所示。

**步骤 06** 文字创建完毕后，按空格键即可快速预览文字显示效果，如图9-53所示。

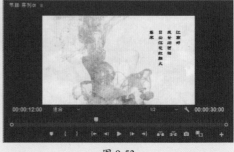

图 9-52            图 9-53

**步骤 07** 将时间指示器移动至00:00:15:00，在"效果控件"面板中为"不透明度"属性添加关键帧，如图9-54所示。

**步骤 08** 将时间指示器移动至00:00:16:00，再次为"不透明度"属性添加关键帧，并设置参数为0，如图9-55所示。

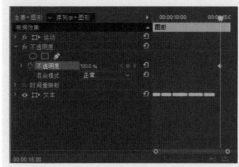

图 9-54            图 9-55

# 9.4 制作宣传效果

本节将对素材的管理、关键帧设置等操作进行详细介绍。

## 1. 编辑水墨风景效果

**步骤 01** 从"项目"面板中选择"水墨-从左往右.mov"视频素材并将其拖入"时间轴"面板的V3轨道，再将"02.jpg"图像素材拖入V2轨道，如图9-56所示。

**步骤 02** 选择视频素材并单击鼠标右键，在弹出的快捷菜单中选择"速度/持续时间"命令，打开"剪辑速度/持续时间"对话框，设置新的持续时间为00:00:08:00，再调整图像素材的出点，使其与视频素材一致，如图9-57所示。

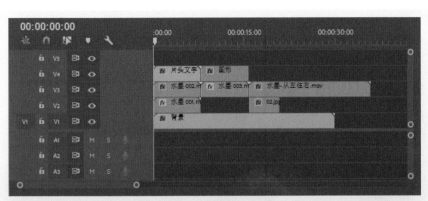

图 9-56

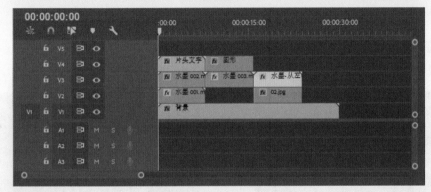

图 9-57

**步骤 03** 按空格键可预览视频效果，如图9-58所示。

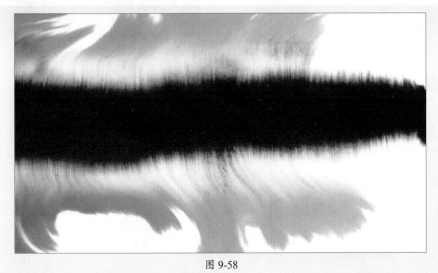

图 9-58

**步骤 04** 在"效果"面板中搜索"亮度键"特效，将其添加到"水墨-从左往右.mov"视频素材，设置后的效果如图9-59所示。

图 9-59

**步骤 05** 选择视频素材，在"效果控件"面板中设置"位置"和"缩放"属性参数，调整视频的大小和位置；再选择图像素材，设置其"缩放"参数，如图9-60、图9-61所示。

图 9-60

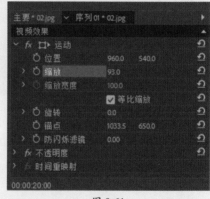

图 9-61

**步骤 06** 设置后的效果如图9-62所示。

图 9-62

**步骤 07** 将"项目"面板中的"水墨-从下往上.mov"视频素材和"03.jpg"图像素材拖入"时间轴"面板,并调整素材时长,如图9-63所示。

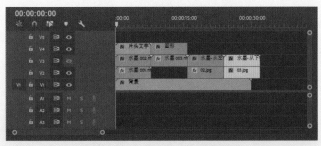

图 9-63

**步骤 08** 隐藏V3轨道的素材,在"节目"监视器面板中可以看到V2轨道的素材效果,如图9-64所示。

**步骤 09** 在"效果控件"面板中调整图像素材的"缩放"参数,设置效果如图9-65所示。

图 9-64　　　　　　　　　　　图 9-65

**步骤 10** 取消隐藏V3轨道素材,选择"水墨-从下往上.mov"视频素材,在"效果控件"面板中设置"缩放"参数,如图9-66所示。

**步骤 11** 设置后的效果如图9-67所示。

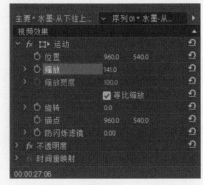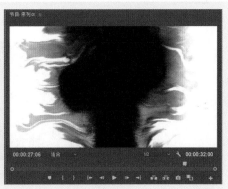

图 9-66　　　　　　　　　　　图 9-67

**步骤12** 从"效果"面板中搜索"亮度键"特效，添加到视频素材，设置后的效果如图9-68所示。

图 9-68

**步骤13** 按照上述操作方法再制作第三个宣传片段效果，如图9-69所示。

图 9-69

**2. 编辑文字显示效果**

**步骤01** 执行"图形"|"新建图层"|"直排文本"命令，调整素材所在轨道以及入点和出点，如图9-70所示。

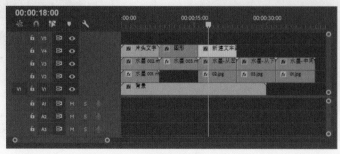

图 9-70

**步骤02** 输入文本内容，利用"选择工具"调整文字位置，如图9-71所示。

图 9-71

**步骤03** 从"效果"面板搜索"高斯模糊"特效，添加到文本素材上。将时间指示器移动至00:00:17:00，为"模糊度"属性添加关键帧，并设置参数为200，如图9-72所示。

**步骤04** 将时间指示器移动至00:00:18:00，为"模糊度"属性添加第二个关键帧，并设置参数为0，如图9-73所示。

图 9-72

图 9-73

**步骤05** 照此操作方法再制作另外两个文字显示效果，如图9-74、图9-75所示。

图 9-74

图 9-75

## 3. 编辑过渡效果

**步骤 01** 在"项目"面板中单击"新建项"按钮，在弹出的菜单中选择"颜色遮罩"选项，打开"新建颜色遮罩"对话框，如图9-76所示。

**步骤 02** 单击"确定"按钮打开"拾色器"对话框，设置遮罩颜色为白色，如图9-77所示。

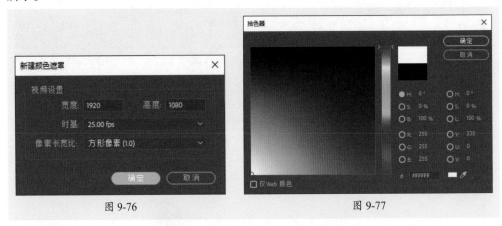

图 9-76　　　　　　　　　　　　　　　　　图 9-77

**步骤 03** 单击"确定"按钮打开"选择名称"对话框，输入遮罩素材的名称，如图9-78所示。

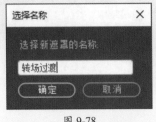

图 9-78

**步骤 04** 单击"确定"按钮，即可在"项目"面板中创建新遮罩素材，如图9-79所示。

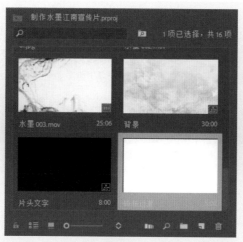

图 9-79

**步骤 05** 将遮罩素材拖至"时间轴"面板的V5轨道，对齐到第二片段素材的结尾处，并调整持续时间为1s，如图9-80所示。

图 9-80

**步骤 06** 从"效果"面板中搜索"白场过渡"特效，将其添加到遮罩素材的起点，如图9-81所示。

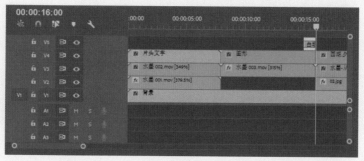

图 9-81

**步骤 07** 按空格键预览可以看到白场过渡效果。

**步骤 08** 按住Alt键向后复制多个遮罩素材，并对齐到每个片段的结尾，如图9-82所示。

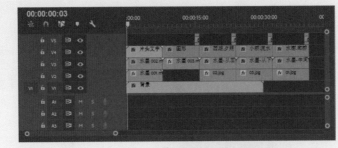

图 9-82

# 9.5 编辑背景音乐

本节将介绍"剃刀工具"以及"指数淡化"特效的应用，操作步骤如下。

**步骤 01** 导入准备好的音频素材，在"项目"面板双击音频素材，即可在"源"监视器面板中打开，如图9-83所示。

**步骤 02** 根据视频时长标记一段音频素材，如图9-84所示。

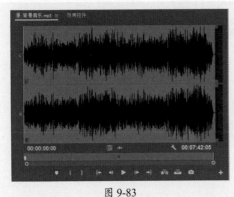

图 9-83

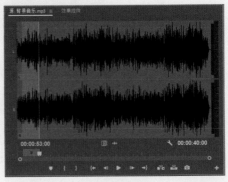

图 9-84

**步骤 03** 单击"仅拖动音频"按钮，将音频片段拖入"时间轴"面板的A1轨道，如图9-85所示。

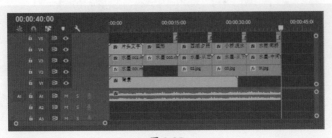

图 9-85

**步骤 04** 从"效果"面板选择"指数淡化"特效，分别为音频素材的入点和出点位置添加一个特效，如图9-86所示。

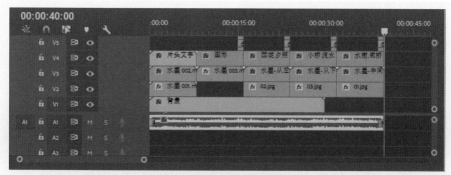

图 9-86

**步骤 05** 单击特效，在"效果控件"面板中设置特效的"持续时间"为00:00:02:00，如图9-87所示。

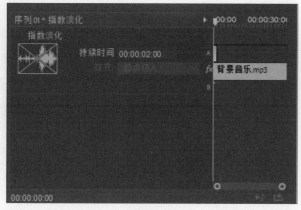

图 9-87

**步骤 06** 在"时间轴"面板中可以看到特效时长的变化，如图9-88所示。至此完成项目的制作。

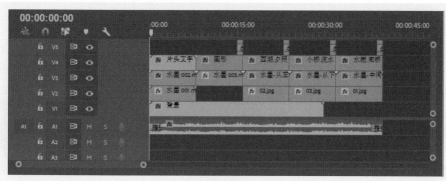

图 9-88

# 9.6 预览并导出视频

本节将对素材的渲染以及导出设置等操作进行详细介绍。

**步骤 01** 按空格键预览完整的视频效果。

**步骤 02** 执行"文件"|"保存"命令，保存项目文件。

**步骤 03** 按Ctrl+M组合键，打开"导出设置"对话框，设置导出格式为H.264，在"视频"选项卡中设置比特率，如图9-89所示。

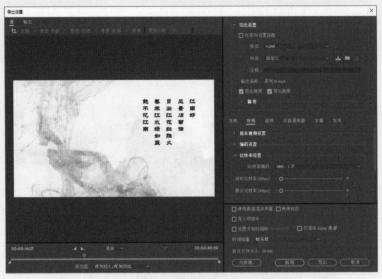

图 9-89

**步骤 04** 单击"输出名称"文字链接，打开"另存为"对话框，输入文件名并设置存储路径，如图9-90所示。

**步骤 05** 单击"保存"按钮返回"导出设置"对话框，再单击"导出"按钮，系统会开始进行编码，并弹出进度提示框，如图9-91所示。

**步骤 06** 编码完毕后，即可到目标文件夹观看制作好的视频效果。

图 9-90

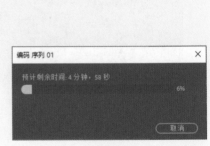

图 9-91

# 参 考 文 献

[1] 沈真波，薛志红，王丽芳. After Effects CS6影视后期制作标准教程. 北京：人民邮电出版社，2016

[2] 潘强，何佳. Premiere Pro CC影视编辑标准教程. 北京：人民邮电出版社，2016

[3] 周建国. Photoshop CS6图形图像处理标准教程. 北京：人民邮电出版社，2016

[4] 沿铭洋，聂清彬.Illustrator CC 平面设计标准教程. 北京：人民邮电出版社，2016

[5] 唯美映像. 3ds Max2013+VRay效果图制作自学视频教程. 北京：人民邮电出版社，2015